架构师书库

Architect's Revelation
Knowledge Model, Implementation Approach, and Thinking Mode

架构师启示录

知识模型、落地方法与思维模式

灵犀 著

机械工业出版社
CHINA MACHINE PRESS

图书在版编目（CIP）数据

架构师启示录：知识模型、落地方法与思维模式 / 灵犀著. —北京：机械工业出版社，2024.3（2024.12 重印）

（架构师书库）

ISBN 978-7-111-74908-0

Ⅰ. ①架…　Ⅱ. ①灵…　Ⅲ. ①程序设计　Ⅳ. ①TP311.1

中国国家版本馆 CIP 数据核字（2024）第 025562 号

机械工业出版社（北京市百万庄大街 22 号　邮政编码 100037）
策划编辑：孙海亮　　　　　　　责任编辑：孙海亮
责任校对：肖　琳　李　婷　责任印制：郜　敏
北京联兴盛业印刷股份有限公司印刷
2024 年 12 月第 1 版第 2 次印刷
148mm×210mm · 6.625 印张 · 164 千字
标准书号：ISBN 978-7-111-74908-0
定价：79.00 元

电话服务　　　　　　　　　　网络服务
客服电话：010-88361066　　机 工 官 网：www.cmpbook.com
　　　　　010-88379833　　机 工 官 博：weibo.com/cmp1952
　　　　　010-68326294　　金 书 网：www.golden-book.com
封底无防伪标均为盗版　　　机工教育服务网：www.cmpedu.com

前　言

为什么写作本书

程序员如何成长为架构师？程序员在成长为架构师的路上，通常会遇到许多问题，以下列举了其中一些比较普遍的。

1）架构知识点繁多，是否存在一个简单的架构知识模型，方便记忆和学习？

2）一个复杂系统是如何设计出来的？是否有架构落地的指南？

3）自己目前处于哪个阶段？是否存在清晰的架构学习框架？

4）DDD（领域驱动设计）和面向对象之间存在什么样的关系？DDD 的本质又是什么？

5）敏捷和 DevOps 是两个事物，还是一个事物的两个方面？它们的关系和本质到底是什么？

6）虽然架构知识掌握得不错，但在面对复杂系统设计时仍然感到没有头绪或者缺乏信心，这种情况应该如何改善？

7）每次较大的业务需求变更，都会导致前期架构设计大的调整甚至推倒重来，如何有效提高处理这种情况的能力？

总之，程序员在成长为架构师的过程中通常会经历 3 个阶段，每个阶段都有一道主要关卡，即该阶段中的最大难关。一般而言，只有跨过了这道关卡，才表明已经掌握了该阶段的知识，并成功进入下一个阶段。上述问题实际上都可以对应到 3 个阶段及其关卡中。

第一个阶段是**知识体系搭建**，即初期如何学习并掌握大量的架构知识。这一阶段的关键是寻找好的学习方法或途径，否则很容易被困在"知识迷雾"中。问题 1 到问题 4 可划到这一阶段。

第二个阶段是**认知突破**。许多架构师深有体会，即使已经掌握了丰富的架构技能，在面对复杂系统挑战时也不能游刃有余地处理。因为架构是一项综合性工作，更需要技术之外的认知提升来应对复杂情况，否则就容易陷入"认知瓶颈"。上面的问题 5 到问题 7 可划到这一阶段。

第三个阶段是**架构本质探寻**。当一位架构师已经具备了驾驭复杂系统的能力后，就会开始思考架构知识体系的本质是什么，并能持续更新架构知识体系，提升认知和解决问题的能力。

本书旨在为读者厘清架构师成长之路上的 3 个阶段及关卡，并对每个阶段的问题进行答疑解惑。

本书特色

1）**关注本质的理解**。尽管本书是一本架构技术类的书籍，但是讨论的内容并不仅仅停留在技术层面，而是尝试探讨技术的本质或原理是什么，让读者尽可能知其然，也知其所以然。例如，本书探讨了敏捷、DevOps、DDD 等多种技术的本质。

2）**关注案例的类比**。不论架构设计还是编程，都属于计算机虚拟世界中的技术。本书将现实世界中的案例与虚拟世界中的技术进行类比，帮助读者更深入地理解相关技术。

3）**关注模型的抽象**。通过模型来学习相关知识对读者很有帮助。

本书不仅提出了架构知识的模型，在讲解企业架构框架 TOGAF、企业和企业架构等内容时，同样构建出相关的模型，以方便读者学习。

4）**关注思维的融入**。思维模式与技术应用之间的关系，就像是一座冰山的水面下和水面上的关系。我们往往只关注"水面上"的部分，而忽略了"水面下"的部分，这是不完整、不深入的。本书将重点介绍 10 种底层思维模式，希望能为架构师提供一种打破"认知瓶颈"的思路。

读者对象

本书主要适合以下读者阅读。

1）**程序员**。通过本书，程序员可以学到一种成长为架构师的认知框架。该框架内部已将编程和架构关联起来，能够让程序员从现有编程知识出发，更快地掌握架构相关知识。

2）**架构师**。通过本书，架构师可以学到一种全面认识企业架构的方法。

3）**需求分析人员或产品经理**。通过本书，需求分析人员或产品经理可以掌握一套需求分析和业务架构设计的方法，建立对企业、需求和架构的完整认知闭环。

如何阅读本书

本书共 10 章，分为 3 个部分。

第一部分（第 1 章）提出一种架构认知的方法论，即**架构认知框架 = 架构知识模型 + 架构落地方法 + 架构思维模式**，后续章节将会围绕此方法论展开。

第二部分（第 2～4 章）介绍架构知识模型，即**架构知识模型涵**

盖信息交换、架构编排、架构演进。该模型将大量的架构知识进行分类与结构化，同类架构知识之间通常存在一些共性规则，可以相互借鉴。

第2章介绍信息交换，帮助读者从全局视角厘清系统描述的3种维度及相应的模型。

第3章介绍架构编排，探讨架构编排的真正内核，给出一种架构设计的通用思路，即从编排维度来解决高并发、高可用等设计问题。

第4章介绍架构演进，重点探讨了敏捷和DevOps的关系与本质。

第三部分（第5~10章）介绍**架构落地方法与架构思维模式**。本书提出一个标准化的端到端架构落地方法，该方法是在RUP（统一软件开发过程）、DDD和TOGAF（The Open Group开发的一种架构框架）等各类架构理论基础上融合而成的，以帮助读者有效应对复杂系统的设计。然而在面对复杂多变的系统设计时，架构师所面临的主要挑战往往不只是技术层面，更多的是对业务、环境、技术、管理等整体性的认知和把控。本部分提出的架构思维模式旨在帮助架构师提升认知水平，以应对复杂系统的整体性挑战。

第5章重点介绍企业架构框架TOGAF，并对其中的企业和企业架构概念进行了扩展介绍，让读者站在宏观视角看待企业架构和实施方法。

第6章介绍需求分析阶段的落地方法，让读者对从需求捕获到业务架构设计的整个流程有一个完整的认识。

第7章详细介绍架构设计阶段的落地方法，同时详细介绍应用架构、数据架构和技术架构的设计，并深入探讨了DDD的本质、DDD与面向对象的关系以及战略和战术设计。本章是架构设计的核心内容，希望读者通过本章的学习能真正领会每一项架构设计的核心关注点，澄清理解上的误区，从而在实践中自如地运用。

第 8 章重点介绍系统实现阶段的高质量代码标准。

第 9 章关注系统维护阶段，介绍问题定位、数据分析和系统规模扩张的有效应对策略。

第 10 章以辩证思维的方式介绍 5 对底层思维模式，希望读者能够认识到思维模式的重要性，并加以实践。

勘误与支持

如果读者对本书有任何疑问或建议，欢迎发送邮件至 lingxi666@yeah.net。此外，笔者的公众号"灵犀架构课堂"会持续发布架构技术栈知识和实践心得。

致谢

感谢曾一起共事的领导、同事对笔者的指导和鼓励。

感谢家人长期以来的爱和无私奉献。

CONTENTS

目　录

PART 1

第一部分

架构认知框架

简单来说,架构认知框架就是一张学习架构的地图,可以帮助程序员了解自己目前所处的位置,未来应该往哪里走,以及每一步应该如何学、如何做等。相对于架构知识的不断变化,一个好的框架应当具有一定的稳定性。综合以上因素,笔者提出了以下架构认知框架:

架构认知框架 = 架构知识模型 + 架构落地方法 + 架构思维模式

本书将围绕该框架进行介绍。

CHAPTER 1

第 1 章

架构认知框架概述

本章先简要概述架构认知框架，后续章节将详细阐述该框架中的 3 个维度。

1.1 简单的架构知识模型

在程序员成长为架构师的过程中，面临的第一个阶段是知识体系构建，需要学习众多且分散的架构知识点，涉及面向对象、DDD、TOGAF、敏捷、DevOps、中间件、微服务，以及高并发、高可用、可扩展等。

这些知识点之间似乎缺乏一条清晰的学习主线或关联关系。不过，有一点是非常明确的：所有架构知识都是为了软件系统开发服务的。因此，我们尝试从这个视角去推导架构知识的模型。

首先，软件是一个系统。按照系统的定义，所有系统都是由**元素、关系以及功能 / 目标** 3 个要素组成的。其中，元素代表"是什么"，功能或目标代表"干什么"，而关系则代表"怎么干"。

　　在软件系统研发过程中，我们通常先从客户侧获取需求，即目标系统的功能或目标，再通过架构设计反推出系统的组成元素以及元素之间的关系。

　　因此，简而言之，架构设计是由软件系统的"干什么"来推理出"是什么"和"怎么干"的过程，是一个由果到因的过程。架构设计的过程简化如图 1-1 所示。其中，"干什么"通过需求来获取，而"是什么"和"怎么干"则属于架构编排工作，至此可以初步得到一个架构知识模型。

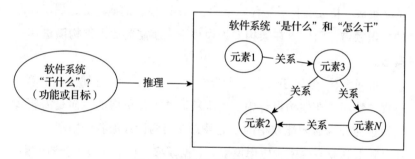

图 1-1　架构设计的过程简化

　　因为我们比较熟悉需求获取，所以这里暂且略过。架构编排中的"编排"一词非常类似于"组织"的动词形式。不过，"组织"一词更强调人与人之间的关系和互动，因此在本书中涉及社会或企业时将使用"组织"，而涉及架构时将使用"编排"。同时，笔者会用"组织"进行类比，以加深读者对架构编排的理解。对社会组织来说，它的运转核心是"实体 + 规则"，其中实体可以是人、公司等，规则负责将实体有序地组织起来。例如，家庭依赖亲情关系来组织，陌生人之间则依赖法律和道德来组织。

　　架构编排由"架构元素 + 架构规则"的二元组构成。架构元素可能是应用、服务器节点、限界上下文、类等，而架构规则负责将多个元素有序地编排在一起。例如，在 DDD 中，多个限界上下文按照一定的规则编排起来就形成了某一个领域或子领域；多个应用按照一定的规则编排起来就是应用架构的分层视图；多个服务器节点按照一定的规则编排起来可能就实现了高并发或者高可用；而多个类编排起来可能就形成了模块或 DDD 中的聚合等。

　　显然，需求获取和架构编排是架构设计的两个重要知识领域，但是它们所代表的知识均在某一个时间节点产生作用，是相对**静态的知识领域**。**在架构设计中还存在着另一类知识**，从时间维度上看，它们需要跨越一定的时间周期才能发挥作用，例如敏捷、DevOps、持续集成、持续交付、迭代、重构、系统 / 模型的演进等，属于**动态的知识领域**。因此，在架构知识模型中，还需要加入**架构演进**这一概念。

　　再回头看"需求获取"这个概念。从定义上看，它属于一个单向过程。然而，在架构设计中，需求获取并不是单向的，而是需要多方通过充分沟通才能获得的。此外，在架构设计的各个阶段，需求还会映射到业务模型、应用模型、数据模型、技术模型、类图模型、活动模型等，即在架构设计的不同阶段，都涉及不同类型信息的沟通与获取，并转化成另一种信息（模型）之后传递给下一个阶段。

　　因此，在建立架构知识模型时，使用**"信息交换"**来替代"需求获取"更加合适。信息交换可以涵盖信息获取、信息沟通和信息传递等含义。总而言之，信息交换主要指的是在架构设计过程中，不同阶段信息的输入以及模型结果的转化、输出和传递等。所以，经过上述推导，我们最终得到了以下架构知识模型：

架构知识模型 = 信息交换 + 架构编排 + 架构演进

　　此外，软件系统研发的目的是什么？它一定是为了满足客户的需求而存在的。因此，接下来从客户对系统期望的角度出发，再来审视架构知识模型是否涵盖了重要的部分。

从客户侧考虑，对软件系统的期望通常包括以下几个主要方面：功能符合预期、低成本 / 交付速度快以及需求可修改。其中，功能符合预期主要是指信息交换方面。低成本 / 交付速度快对应的主要是架构编排，所以架构编排的本质是为了实现降本增效。而需求可修改对应的则主要是架构演进。

总体来说，将架构知识模型化主要带来两个好处：一是将架构知识分类后便于厘清知识边界；二是相同分类下的架构知识往往蕴含着相似或相同的规则，方便关联记忆。

例如，DDD 中的限界上下文及其关系，应用架构中的应用及其关系，面向对象编程中的类之间的关系等，都属于架构编排范畴。虽然这些概念来自不同的领域，但是它们在拆分和交互时均采用了相似或者相同类型的规则，例如高内聚、低耦合等，在后面的章节也会讲到很多类似的案例。

1.2 架构落地方法

架构落地方法指的是通过架构设计一步步实现一个系统的指导体系。业界目前已经有不少成熟的架构落地方法论，其中比较流行的有面向对象的 RUP、面向领域的 DDD 和企业架构框架 TOGAF 等。下面先对它们进行简要介绍。

1. RUP

RUP（Rational Unified Process）是面向对象的软件开发方法，主要包括 4 个阶段和 9 个核心工作流，如图 1-2 所示。同时，它融合了现代软件开发中的许多最佳实践，例如迭代开发、需求管理、构件的使用、UML 等。RUP 的优势在于有一个完整的指导过程，缺点主要在于以用例作为驱动，无法解决复杂系统的开发问题。

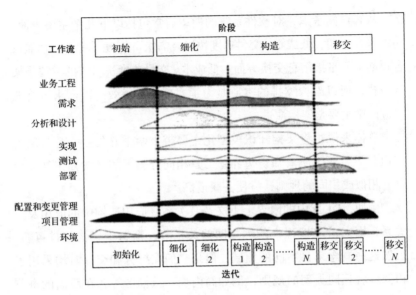

图 1-2   RUP 软件开发方法

2. DDD

DDD 是随微服务兴起的一个面向领域的软件开发方法, 包括战略设计和战术设计两个阶段, 如图 1-3 所示。

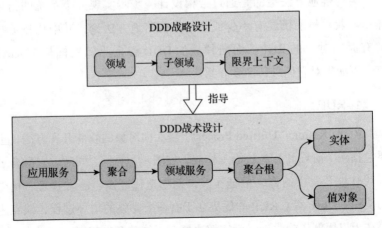

图 1-3   DDD 软件开发方法

DDD 的优点在于它是以领域驱动的，可以解决复杂系统的开发难题。但是，DDD 也存在以下一些缺点。

一是**重设计，轻过程**。DDD 战略设计和战术设计过程只是通过概念串联在一起，并没有像 RUP 那样提供一个完整的过程指导。

二是**重概念，轻规则**。虽然 DDD 中提出了许多有用的概念，如领域、子领域、限界上下文、聚合根等，但在实践中缺乏明确的步骤或规则来推导出它们。

三是**重现在，轻过往**。相比 DDD，面向对象不论是在需求分析方面还是编程方面，都已经是一个非常成熟的范式，并且积累了大量的最佳实践。许多人认为 DDD 难以掌握，其实主要原因在于没有很好地建立起 DDD 与面向对象之间的关联。如果可以利用好过往的面向对象的经验，学习 DDD 会轻松很多。

3. TOGAF

TOGAF 是业界非常知名的一个企业架构框架，属于架构中的架构，它提供了一种专门用于设计企业架构的标准流程——架构开发方法 ADM 作为其核心，如图 1-4 所示。目前，国内大多数金融企业的架构方法论均源自 TOGAF。它的优点在于具有一个完整全面的架构设计原则和过程，并且非常理论化，其缺点也主要在于过于理论化，直接应用会难以落地。

本书后面将要介绍的架构落地方法，并不是一个全新创造出来的方法，它是把 RUP、DDD 和 TOGAF 的内容裁剪、组合而成的。同时，读者不用担心之前是否有 RUP、DDD 或者 TOGAF 相关的学习经验，后面章节会深入介绍 DDD 和 TOGAF，并且介绍时主要侧重于应用实践，不会涉及太多理论知识。

图 1-5 展示了将要介绍的架构落地方法，包括需求分析、架构设计、系统实现和系统维护四个阶段。通过这个方法，我们可以逐步设计出一个复杂的系统。

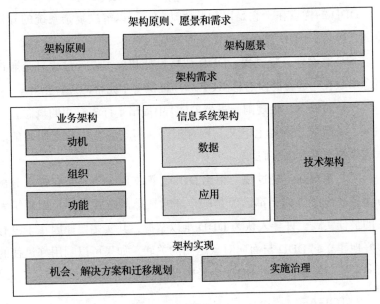

图 1-4 TOGAF 架构开发方法 ADM 的内容框架

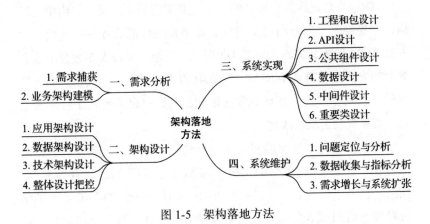

图 1-5 架构落地方法

1.3 架构思维模式

在很多关于架构的学习资料中，架构思维模式的重要性经常被提及。简单来说，思维模式就是我们思考问题时所处的层级。架构设计毫无疑问是一项需要创造性的活动，许多问题往往需要架构师在不同的思维层级上进行灵活切换，以便从各个角度去加深对问题的了解，从而更透彻地理解问题，并通过架构设计来落地实现。

本书将架构思维模式大致分为三层。

第一层是**专业层**，指的是架构师能够利用架构专业或领域提供的规则（通常表现为具体的技术），去解决架构设计问题。例如，DDD、面向对象、应用架构、数据架构，以及中间件技术都属于专业领域范畴。

第二层是**模型层**，即架构师能够通过抽象出来的模型或模式解决同一类架构设计问题，例如上面提到的架构知识模型，以及后面将要介绍的价值模型、企业模型、TOGAF 双飞轮模型等。

第三层是**本质层**，即借助底层思维模式来洞察架构问题的本质，并运用跨学科知识综合解决问题。

程序员在成长为架构师的过程中，通常会在第二道关卡停滞不前，即便已经掌握了丰富的架构知识和架构落地方法，但在面对复杂系统的架构设计时仍然缺乏信心，或者需要频繁地对设计方案"打补丁"，甚至推倒重来。

实际上，架构的真正难点通常不在于技术层面，而在于理解业务的本质，并将业务问题与最适合的技术进行匹配上。因为技术往往只是问题界定后使用的工具，而我们更欠缺的是对问题的界定和对业务的整体性认知。因此，在遇到这个关卡时，我们需要注意思维能力方面的提高。

在专业、模型、本质这 3 个思维模式层次中，尽管每个层次都提供了一些解决问题的规则，但是规则的数量显然随着层级的降低而减少，专业层级的规则最多，而本质层级的规则最少。规则越少，呈现的力量反而越大。

事实上，我们都很熟悉现实世界中底层规则的力量。例如，在瓦特蒸汽机出现之前，人类数百万年来一直依靠体力劳动来获取生存所需的能量。然而，一旦"化石燃料可转化为动能"的规则被发现，人类就迅速进入工业革命时代，并开始以惊人的速度取得进步。这就是底层规则的力量。

因此，只有在思维模式上进行持续提升，我们才能更容易洞察业务和问题的本质，并在应对复杂系统的架构设计时游刃有余。

1.4　初识架构认知框架

综上所述，我们得到了一个三维的架构认知框架，如图 1-6 所示。

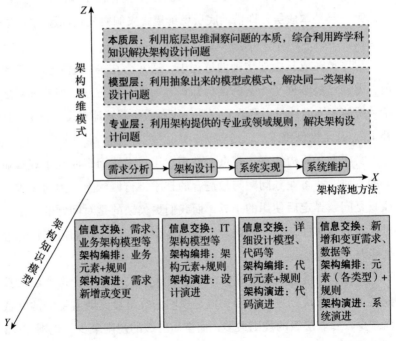

图 1-6　架构认知框架

在这个框架中，3 个坐标轴的解释如下：

1）X 轴代表架构落地方法，包括需求分析、架构设计、系统实现和系统维护 4 个阶段。

2）Y 轴代表架构知识模型，它不仅仅用于架构知识分类，对架构落地方法的标准化同样作用很大。一般来说，架构落地方法的每个阶段的任务之间存在显著差异。然而，通过引入架构知识模型，可以将每个阶段的任务划分为信息交换、架构编排和架构演进三类。将不同阶段的任务名称一致化，其意义不仅仅在于方便记忆，更重要的是相同类型的任务意味着底层规则也基本一致，可以相互借鉴。

3）Z 轴代表架构思维模式，不同的层级代表着其规则蕴含着多大的力量，可以用来解决多大范围内的架构设计问题。

此外，在架构认知框架中，不论是架构知识模型、架构落地方法涵盖的 4 个阶段，还是架构思维模式都是相对固定的。然而，各个环节实际应用到的架构知识，可以在框架内部根据不同的系统需求或者技术更迭而动态变化。举个简单的例子，项目根据规模大小可以选择是否进行业务架构建模，编程语言可以选择 Java 或 Python 等。

接下来将详细介绍架构认知框架中的三部分。不过在此之前，先来探讨一下编程与架构之间的关系。这一点非常重要，因为绝大多数架构师是从程序员逐步成长而来的。然而，仍有不少程序员认为编程和架构是两个相对独立的知识领域，或者是知识逐级递进的关系。实际上，以上观点都是不正确的，那么它们到底是什么关系呢？

1.5 编程和架构的关系：从微观到宏观

1.4 节提出了一个架构认知框架，并简要介绍了它的推导过程。然而，可能有些程序员看过之后，对于能否掌握心存疑虑。有科学研究表明，如果一件事情可以和现有的知识建立起关联，则更容易被理解和掌握。因此，本节将讨论编程和架构之间的关系，以帮助大家更好地理解该框架。

我们先将架构设计和编程过程想象成一个黑盒，架构和编程的基本结构如图 1-7 所示。

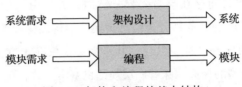

图 1-7   架构和编程的基本结构

可以发现，架构设计和编程的功能结构基本是相同的。因此，用和 1.1 节中一样的推导方式，不难得出一个编程的知识框架：

编程知识框架 = 信息交换 + 代码编排 + 代码演进

相比较而言，在信息交换方面，架构关注的是系统维度需求，而编程关注的则是模块维度需求；在编排方面，架构关注的是将子系统或微服务有序地组织起来，来实现业务功能；而代码编排关注的则是将各个模块或类有序地组织起来，来实现技术功能或某一局部的业务功能；在演进方面，架构演进和代码演进的源头均是业务需求的变更，只是架构演进更关注整体层面，而代码演进关注的是代码层面。

不难看出，架构更关注的是宏观层面，而编程更关注的则是微观层面。然而，由于两者之间知识模型的相似性，我们发现：不论是信息交换，还是编排和演进，它们所使用的规则都是基本一致的。举个常见的例子，编程领域的高内聚、低耦合等规则，在架构领域也同样适用。

此外，这两个领域的一些规则看似不相关，但是它们的底层规则实际上是相同的，这就表明可以通过底层规则将编程和架构联系到一起。例如，代码开发规则中的 MVC 和架构规则中的应用分层，本质上都是还原论思想的应用；代码开发规则中的异步响应请求和架构规则中的 CAP 原理，本质上都是升维模式的应用。第 10 章还将探讨大量类似的案例。

上面提到的编程和架构之间的关系是非常有用的。换句话说，我们建立起了编程和架构之间双向互通的桥梁，这个桥梁不仅有利于程序员利用已有的编程知识掌握架构知识，而且也可以深化架构师对编程的理解，两者之间可以形成一种螺旋上升的关系。

甚至可以这样说，优秀的架构师一定是优秀的程序员，而优秀的程序员也很容易成长为优秀的架构师。二者更像是宏观和微观的关系，宏观中包含着微观，而微观中也处处映射出宏观的样貌。

希望上面的阐述能够打消你的一些疑虑。作为程序员，无论你未来是否想成为架构师，学习架构知识对编程能力的提升都是极有帮助的。

1.6　本章小结

本章提出了一个架构认知框架，它包括架构知识模型、架构落地方法和架构思维模式 3 个维度。其中，架构知识模型包括信息交换、架构编排和架构演进 3 个维度；架构落地方法包括需求分析、架构设计、系统实现和系统维护 4 个阶段；而架构思维模式包括专业层、模型层和本质层 3 个层次。此外，本章还探讨了编程和架构的关系。

PART 2

第二部分

架构知识模型

本部分将对架构认知框架中的架构知识模型进行介绍。下图简单列举了每个方面包括的具体架构知识。

鉴于架构知识点繁多，本部分不会逐一介绍。相反，本部分将重点阐述诸多架构知识背后所呈现出来的通用模式、认知方式和原理（本质）等，而大部分具体知识点则会在架构落地方法部分进行详细介绍。

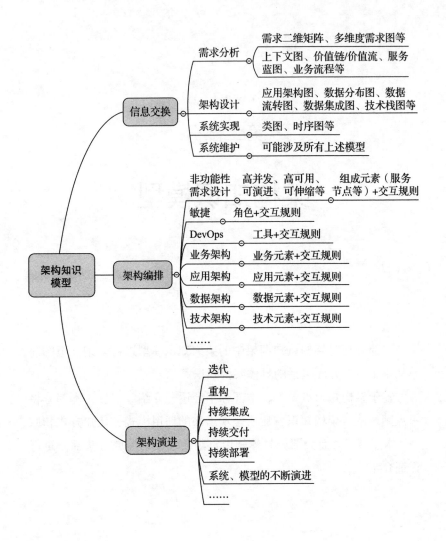

第 2 章

信息交换

从根本上来说，信息交换指的是在架构设计的不同阶段，我们对系统的理解是什么，这种理解在经过多方沟通之后通常以模型的方式呈现出来，因此信息交换的核心是模型。本章首先介绍系统描述的 3 种维度，以及由此得出的系统模型分类。接着简要介绍本书架构落地方法中将要涉及的系统模型。最后，由于模型本身也处在一个不断演变的过程中，因此，我们将探讨这种演变本身折射出的系统认知的变化。

2.1 系统描述的 3 种维度

在推导架构知识模型时，提到了架构设计是由软件系统"干什么"来推导出软件系统"是什么"和"怎么干"的过程。事实上，这个定义中隐含了描述系统的 3 个维度：功能维度、结构维度和行为维度。

1. 功能维度

功能维度是系统描述的第一个维度，它描述了系统"干什么"。通常情况下，一个系统存在的价值在于可以满足利益攸关人一定的需求或提供某种价值。这些需求和价值主要是由系统所提供的功能实现的。例如，如果我们需要购买一辆汽车，主要考虑的是它能否提供载客、运输物品等功能，而不是其他方面。

功能维度可以进一步分为两类：外部功能和内部功能。其中，外部功能主要决定了系统所能带来的价值。在评估外部功能时，可以将系统视为一个黑盒子，只关注于它在与外界交互时可以提供哪些功能或价值。例如，汽车的载客、运输物品就是它能够提供给用户的外部功能。

内部功能通常是为了实现系统的外部功能，即系统内部需要哪些功能来支撑外部功能。仍以汽车为例，由于汽车要实现载客、载物的外部功能，那么汽车内部需要发动机来实现启动加速，需要方向盘来实现转向，需要后备厢来实现装载物品等功能，因此这些都属于内部功能的范畴。

对于一个系统来讲，其外部功能和内部功能同等重要。外部功能定义了系统的边界，是系统与外界交互的窗口。我们对系统的认识、体验等都是通过外部功能来实现的。然而，内部功能同样不可或缺，内部功能是否配备合理，直接决定了外部功能的实现效果。

对于认知一个系统来说，将系统的外部功能和内部功能分开是很有帮助的。本书在介绍需求获取、系统架构设计时也会强调：在系统研发的不同阶段需要关注的功能维度是不一样的，外部功能和内部功能的划分能够让我们适当屏蔽一些不必要的因素，从而将注意力放到重要因素上。

2. 结构维度

结构维度描述了系统"是什么"。结构维度比较直观，它首先从静态角度描述了系统中包含的各个实体。例如，汽车的结构包含了方向盘、轮胎、发动机等实体，而一个电商系统的结构通常包含了订单、支付、购物车、物流等实体。除此之外，在结构层面上还需要考虑这些实体之间的关系，比如汽车中的方向盘和轮胎就存在某种交互关系。总而言之，系统中的各个实体以及实体之间的关系就构成了一个系统的结构。

值得注意的是，系统的结构和功能之间有着密切的关系。一方面，系统的结构是基础，它在一段时间内通常是静态的，体现了系统本身的样貌或形态。然而，我们也知道，一个系统存在的主要目标是为客户创造价值，而这种价值只有依赖功能的实现才能达成。如果一个系统不被使用，那就相当于没有价值。因此，系统的结构需要通过功能实现才能体现出价值。另一方面，系统的功能是目标，它在实现过程中一定需要依赖系统的结构，不论这种结构是物理的还是虚拟的。

3. 行为维度

行为维度是系统描述的第三个维度，它描述了系统"怎么干"。通俗来说，若要使得一个系统能够发挥其外部或内部功能，通常必须有一个行为体介入，行为体的操作引发了结构中实体的参与，并且每个实体在完成自己对应的任务之后，再传递给下一个实体。这些链路串联起来就构成了一个行为。行为主要包括行为体（可以是用户或定时任务等）、结构中的实体以及相应的动作过程。

同时不难看出，行为维度很好地将功能和结构关联起来。行为触发的目的在于实现某一个特定的功能。然而，功能只描述了系统"做什么"，而行为则需要进一步描述如何通过执行各种动作来实现该功能，并且这个过程还需要依赖结构参与才能顺利完成。

2.2   系统模型的分类

简单来说，模型的作用在于能够帮助我们更好地理解系统。但在大多数情况下，模型只表达了系统在某一个视角下的形态，而屏蔽掉了其他视角，这么做的目的是让我们更好地聚焦于当下要解决的问题的范围。因为，如果需要考虑到每一个视角，那么很容易迷失在众多的细节中，反而失去了模型的价值。

对一个复杂的系统来说，它就像是一面多棱镜，透过不同的视角去观察，景象是完全不同的。举一个简单例子，架构师可能会将软件系统看作一组子系统之间交互关系的组合；而程序员更倾向于认为软件系统是代码和 API 接口的组合；运维人员则把软件系统看作服务节点之间的组合。这时候，不同维度的模型就可以帮助不同的职能角色更好地表达和理解系统。接下来探讨一下系统的模型分类。

（1）存在角度分类

从是否真实存在的角度来看，**模型可以分为概念模型和物理模型两大类**。其中，物理模型代表该模型是真实存在的。例如，汽车仿真模型用于模拟一个现实中真实存在的物体，又如敏捷开发中的 MVP（最小产品集），或者一张数据库物理表，它们均属于物理模型。相反，概念模型则代表一种只存于想象之中的抽象概念。例如，在进行架构设计时所绘制的价值模型、数据 ER 模型等，它们在现实或虚拟世界中不存在任何的可见形式，因此属于概念模型的范畴。

我们可以从软件系统研发的角度再来讨论一下概念模型和物理模型。对软件系统来说，实际上是一个将现实世界映射到虚拟世界的过程。以电商系统为例，它就是将现实中的商场、人、商品、物流等元素在虚拟世界中重建出来。在映射的过程中，通常会先对现实世界进行建模，这个建模过程就形成了现实世界的物理模型。接下来，会将这个物理模型又转换成计算机世界中的概念模型。最后，再使用计算机语言等工具将该概念模型落地为软件系统的物理模型。图 2-1 简要展示了上述的软件系统研发映射过程。

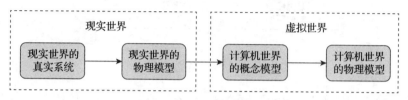

图 2-1　软件系统研发映射过程

（2）系统描述角度分类

从系统描述的三个维度来看，概念模型和物理模型又可以进一步按照 3 个维度进行划分，即每种模型又可以细分为功能、结构和行为 3 种模型，参见 2.1 节。

如果我们观察一下目前业界流行的几种建模语言，可以发现它们提供的模型基本可归入功能模型、结构模型和行为模型。例如，UML 中的用例图属于功能模型，类图、组件图和部署图都属于结构模型，而时序图和活动图等则属于行为模型。

2.3　架构落地方法中的系统模型

本书后面将要介绍的架构落地方法涉及 4 个阶段：需求分析、架构设计、系统实现和系统维护。每个阶段都有输入和输出，上一阶段的输出又作为下一个阶段的输入，这些输入和输出均可视为模型。本节简要介绍一下架构落地方法中涉及的模型，让读者对架构落地方法先有一个直观的认识，如图 2-2 所示。至于每种模型如何实现将在第三部分进行介绍。

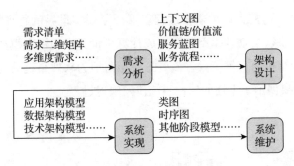

图 2-2   架构落地过程及各阶段模型

首先，在需求分析阶段，输入是捕获的需求，它可以使用清单、二维矩阵，或本书中介绍的多维度圆形模型来表示。在该阶段，我们主要关注的是系统能提供哪些功能，因此需求类模型属于功能模型。通过需求分析将会产生一系列的模型。其中，上下文图用于界定系统的范围和边界；价值链/价值流、服务蓝图和业务流程可以协助我们划分领域、子领域、微服务、数据实体等。在需求分析阶段的模型中，上下文图属于结构模型，价值链/价值流、服务蓝图均属于功能模型，而业务流程则属于行为模型。

其次，在架构设计阶段，我们需要进行应用架构、数据架构和技术架构的具体设计工作。在需求分析阶段，我们更多是在界定系统的范围以及系统需要提供的功能，此时系统更像是一个黑盒。但是到了架构设计阶段，我们需要逐步打开这个黑盒子，并填入必要的内容来支撑提供各种功能。因此，架构设计阶段的模型基本属于结构和行为模型。例如，应用分层架构图和应用交互图均属于结构模型，而业务场景图则属于行为模型。

第三，在系统实现阶段，我们需要将架构设计阶段的概念模型进行物理实现。例如，编码时经常使用的类图、时序图都属于这一阶段的常用模型，并且这些模型主要属于结构和行为模型的范畴，只是与架构设计阶段的模型相比，系统实现阶段的模型更加微观化。

最后，在系统维护阶段，由于系统会不断新增功能或对存量功能进行维护更改，因此该阶段使用到的模型也都是需求分析、架构设计和系统实现阶段的模型。

2.4 从模型演进看系统认知方式的转变

我们知道，各类模型并不是同一时间出现的，而是随着系统复杂度的提升逐步出现的。本节将从时间维度，以面向过程、面向对象和面向领域（DDD）设计为主线来探讨模型的演进过程。本质上，模型也代表了我们对系统的认知。因此，我们也可以从模型的演进中了解系统认知方式的变化。

无论是面向过程、面向对象还是面向领域的软件开发方法，都包括分析、设计和编程三个环节。具体来说，在面向过程的软件开发方法中，分析、设计和编程都是以过程为主导；在面向对象的软件开发方法中，分析、设计和编程都是以对象为主导；而微服务时代的 DDD 开发方法，尽管从概念上看是面向领域的，然而在限界上下文层面的分析、设计和编程也是面向对象的，差别主要在于通过建模划分领域、子领域和限界上下文的战略设计阶段。

因此，模型的演进主要关注两个问题：一是从面向过程发展到面向对象，模型及其背后的系统认知方式究竟发生了哪些变化；二是相比面向对象，DDD 的战略设计阶段的模型又起到了哪些作用。

对于第一个问题，我们经常听到面向过程是以计算机为中心的，而面向对象则是以人为中心的说法。为了更好地进行对比，我们尽可能简化计算机的运行过程。

在计算机中主要有两个部件参与程序的执行：CPU 和内存，其中 CPU 用于执行指令，而内存用于存储数据。在实际操作中，CPU 按照预设好的顺序逐条读取和执行指令。与此同时，在执行过程中需要输入和输出各种数据信息，并且上一过程的输出通常作为下一过程的输入的一部分。简而言之，我们可以将 CPU 的运行过程想象成是一条按照一定顺序运转的流水线，该流水线被划分成多个过程，如图 2-3 所示。

图 2-3　CPU 运行的简化过程

可以发现，计算机运行的模型是基于面向过程的。在这个模型中，每次程序运行都可能包括多个过程（即函数），而每个过程又包含了许多指令，每个指令需要输入数据并产生相应的输出数据。这些指令按照一定的顺序逐步执行下去，最终完成整个程序的执行。即便是 CPU 在处理程序中存在 while 循环、if-then 跳转等指令时，也是按照预设好的顺序来逐条读取和处理的。

下面再来看一下面向过程分析时的常用模型与计算机的运行模型又有哪些相似之处？面向过程的软件开发方法大致出现于 20 世纪 70 年代，当时在进行软件系统需求分析时，更多关注系统内部处理流程和数据结构问题，并采用类似数据流图、状态转换图等建模方法来进行描述。以业界比较知名的 SASD 方法为例，它在分析阶段使用到的模型是 DFD，这是一种数据流的转换方法。图 2-4 展示了考生登记的 DFD 数据流图示例。其中，圆角框代表了要执行的任务，而箭头代表了输入和输出的数据。

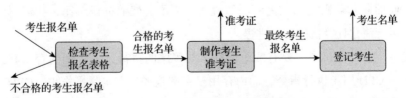

图 2-4　考生登记的 DFD 数据流图

不难看出，SASD 所采用的 DFD 分析方法和计算机执行程序的方式基本相同，两个模型的核心节点描述的都是过程，即都是面向过程式的。也就是说，在面向过程时代，我们是从计算机的视角去看待现实世界中的系统的，并将现实世界中的系统直接转换成计算机可以理解的过程式模型。当然，这样做尽管有助于描述和处理系统内部的流程和数据结构问题，但同时也带来了代码难以维护、扩展性差、耦合度高等难题，为此还引发了第二次软件危机。

进入面向对象分析时代之后，人们开始更加注重对问题领域进行抽象描述。在该阶段，也开始大量使用 UML 中的用例图、类图等模型，并且面向对象模型中的核心节点大多变成了对象。例如，用例图中的节点主要是用户和系统，而类图里的节点是实体对象等。同样以考生登记为例，在面向对象模型中，它的用例图如图 2-5 所示。

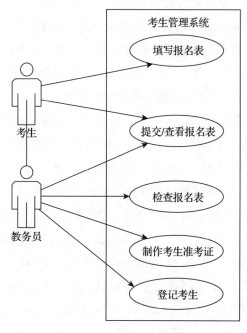

图 2-5　考生登记的用例图

此外，从模型的类型上看，面向过程时代所使用的分析模型（如DFD 模型）大致属于行为模型。相比之下，面向对象时代主要使用的分析模型（如用例图等）则属于功能模型。

那么这两种模型有哪些不同之处呢？首先，它们的服务对象不同，面向过程的行为模型主要服务于计算机系统，而面向对象的功能模型则更侧重于用户的需求和期望；其次，它们面对需求变化时的灵活性相差较大。面向过程的行为模型中的数据流或过程流均是动态的，如果需求发生变化，则对应的数据流和过程流也必须进行相应调整。而面向对象的功能模型和结构模型均为偏静态的，只是其中对象的行为是动态的。因此，当需求发生变化时，我们只需要通过多态实现不同的行为方法即可满足新需求，不会影响已有组件或模块的功能。

总体来说，从面向过程到面向对象的转变主要体现在两个方面。一是整体思维的运用。相比面向过程，面向对象是在"对象"这个整体层面去定义和描述问题，而变量和函数则处于个体层面。同时，面向对象中利用"对象"将个体层面的"动"封装起来，对外统一暴露整体的"静"，从而解决了面向过程模型的复用性、可扩展性等问题；二是主客体思维的转换，在人和计算机构成的主客体世界中，过程是计算机的思维方式的主体，而对象是人类思维方式的主体。面向对象方式是围绕人的价值进行思考的，从而大大激发了对软件系统的需求，也促进了软件行业的繁荣。

对于第二个方面的问题，即相比面向对象，为什么 DDD 增加了战略设计阶段的模型呢？这主要是由系统复杂度的进一步提升导致的。面向对象产生在 20 世纪八九十年代，那时的系统主要面向的是企业中某一个部门或者业务领域，而到了 21 世纪，跨部门、跨领域或跨组织的系统不断涌现，传统面向对象的分析模式已经无法解决此类复杂系统所带来的问题，因而出现了 DDD 和业务架构

建模等新兴的理念与方法。关于面向对象和 DDD 的进一步探讨请
参见 7.4 节。

2.5　本章小结

架构设计是一个需要架构师与业务、开发、运维等多个角色进
行沟通协作的过程，而沟通的本质是信息的交换。而且，只有确保
信息交换准确无误，才能建立可靠的基础来实现架构落地和演进。
因此，信息交换是架构知识模型中的一个基础维度。

而在架构设计中，模型是信息交换的主要工具。本章从系统描
述的三种维度（即功能、结构和行为）出发，得出了系统的三大类
模型：功能模型、结构模型和行为模型，并以架构落地过程中用到
的具体模型为例，希望加深读者对 3 种不同类型模型的理解。此外，
通过面向过程到面向对象转变中的模型变化，进一步探讨了系统认
知方面产生的重大转变。

CHAPTER 3

第 3 章

架构编排

架构编排涵盖了业务架构、应用架构、数据架构、技术架构的设计，以及非功能性需求设计，涵盖了诸多架构技术与方法。之所以将这么多知识统一在架构编排的概念下，主要是考虑普适性，一旦掌握了架构编排的内核，就能够用类似的方法来处理所有相关领域问题。

本章将深入探讨架构编排的内核，并从编排的角度分析 2.2 节提及的 3 种系统模型的元素类型及其关系。最后，以高并发和高可用场景为例，介绍如何使用架构编排的方式分析具体的场景设计问题。

3.1 社会组织的内核

"编排"的含义非常类似"组织"的动词含义。因此，在深入探讨架构编排之前，我们仍以社会组织进行类比。

人类早在狩猎文明时代，就懂得了组织的重要性。只是当时的组织方式相对简单，主要是一群人合作打猎，共同抵挡外来动物的攻击等。但也恰恰是这种简单而有效的组织方式，让人类开始脱颖而出，站在了大自然生态链的顶端。

实际上，我们现在已经知道很多动物的群体内部也具备类似的组织方式，例如蚁群、蜂群、大猩猩群体等，但是它们为什么没有发展出类似人类的群体社会特性呢？

答案就在于组织的规模大小。不论蚁群、蜂群还是大猩猩群体，它们的组织多限于一个有血缘关系的家族内部，无法扩展到陌生人层面。而人类则具备了更高级别的社会结构，从而可以实现更大规模的组织形式，这一点从人类跨入农业时代开始就已经变得非常明显。一个国家能有效地运转起来，这一切都得益于有效的大规模组织工作。

然而，不论时代如何发生变化，但社会的组织工作内核一直没有改变，可以用下面的公式表示：

社会组织 = 社会实体 + 社会规则

其中，社会中组织的形态有很多种，比如国家、企业、家庭等，根据组织形态不同，组成的实体和规则也不同。例如，在国家这个社会组织中，实体是社会成员，规则是法律；而企业这类社会组织，实体包括部门、员工、机器等，规则是公司法等；以家庭为单位的组织，家庭成员作为实体，并以亲情关系作为规则。

接下来将公式中的 3 个部分拆开，分别讨论随着时代的演进，它们发生变化的情况。

1. 社会组织

在组织形态方面，狩猎文明时代主要以家庭和部落为单位进行协作；而在农业文明时代，又出现了国家、城市等各种新型组织形态。到了工业和信息化时代，则涌现出一系列工厂、协会等。可见，随着社会复杂性的增加，组织的形态也越来越丰富。

2. 社会实体

实体隶属于不同的组织形态。下面从实体类型和实体规模两个方面来简要介绍一下社会实体。

（1）实体类型

随着时代的发展，尤其是科学技术的发展，在大部分组织形态中，实体已不再限于人类自身，以企业这个组织形态为例，大规模生产流水线、计算机终端、软件系统、数字人等已慢慢成为企业的重要实体。

（2）实体规模

在大多数组织形态中，实体规模已不受数量的限制。例如，在互联网连接和全球化市场经济的作用下，几乎可将世界上所有人都组织起来。

3. 社会规则

简单来说，规则可将组织中的实体有序联结起来，比如国家法律。这里不再讨论具体层面的规则，而是讨论一些在不同组织形态中通用的规则。

（1）时间规则

时间规则是指根据时间因素将不同实体有序地组织起来。比如，在工厂的生产流水线中，工人们需要按照一定的时间先后顺序进行操作；在学校里，上课铃声可以将学生们组织到一起学习。此外，不同实体之间的因果关系也属于时间规则范畴。

（2）空间规则

空间规则是指根据空间因素将不同实体有序地组织起来，这种空间因素可能包括空间中的位置、层次等。例如，在空间位置方面，随着火车、邮寄服务、互联网等通信工具的陆续出现，各类组织的范围已经扩展到全球，甚至已经向宇宙延伸。又如，在空间层次方面，通常一个复杂的组织形态内部都有分层。例如，企业组织内部有岗位分层、学校组织内也有高低年级分层等。

3.2 架构编排的内核

架构的目标是将复杂系统进行落地实现，因此编排的内涵也非常广泛。本节将架构编排使用以下公式描述：

架构编排 = 架构元素（或实体）+ 架构规则

接下来将公式中的 3 个部分拆开，分别讨论随着架构的演进，它们发生变化的情况。

1. 架构编排

在本书中，架构编排的形式指的是某一类别的架构知识，例如微服务、DDD、PaaS 等均属于某一类架构形式。而且随着时间的推移和系统复杂度的提高，在架构的许多领域，其形态也变得越来越多样化。下面来看一些比较典型的例子。在语言形态方面，我们经历了面向过程、面向对象以及面向函数等不同形态；在服务形态方面，则经历了由单体到 SOA，再到微服务的转变；在平台方面，接连出现了 IaaS、PaaS、SaaS 和中台等不同类型的平台；在模型方面，陆续涌现出 DFD、用例图、类图、时序图，再到业务架构中的价值链、价值流、业务流程、服务蓝图等；在架构方法方面，从最初的 RUP 到业务架构、应用架构、数据架构和技术架构，以及 DDD、TOGAF 等；在中间件方面，陆续涌现出数据库中间件、消息中间件、大数据中间件等。这里仅列举其中一些，在架构的其他维度中也均存在着各种不同类型的架构编排形态。

可以发现，我们将架构领域中的许多知识都归类到架构编排的范畴内，主要由于它们均可运用架构编排公式中的二元组来表示和分析。

2. 架构元素

在每一个架构编排的形式中，都可以使用架构元素和架构规则二元组来进行拆分。下面先从元素类型和元素规模这两个维度来介绍一下架构元素。

（1）元素类型

元素类型指的是某一架构编排形式是由哪些元素组成的。以软件系统为例，它可能是由微服务、服务器、浏览器、中间件、接口、高可用节点等组成的，这些元素通过交互规则连接在一起，最终形成一个有序运行的系统。此外，每一元素可能又由更细分的元素组成，比如微服务包括服务、注册中心、配置中心、网关等。同时，同一架构编排形式随着技术演进，元素类型也可能变得更加丰富。以架构模型为例，随着架构方法论的发展，新的模型不断被提出，元素类型也多了对象、价值等类型。再如，出现服务网格技术之后，服务治理又增加了控制平面和数据平台等元素类型。

（2）元素规模

随着信息技术的不断发展，可供数亿人同时使用的微信、抖音、淘宝等超大型 App 已成为现实。不仅用户规模变大，系统自身的规模也随之变大。例如，在单体架构时代，整个系统运行的代码都可以打包在一个文件中进行部署。但是到了微服务时代，一个复杂系统所需的微服务元素数量可能高达成千上万个。

3. 架构规则

在架构编排中，规则指的是将架构编排形式中的元素有序融合在一起。同时，架构元素之间也存在着一些规则。下面通过两个典型案例讨论具体的规则，再讨论时间、空间这种具有通用性的架构规则，希望给读者带来一些启发。

（1）具体架构规则示例

1）**SOA 与微服务**。SOA 和微服务中都有存在"服务"这一概念。虽然两者非常类似，但 SOA 中对各种服务之间的通信协议（或规则）进行了明确约束。相反，微服务出于对灵活性与可扩展性的考量，放开了对通信协议（或规则）的限制。实际上，也正是由于微服务中交互规则的"多样性"有效支撑了复杂系统的规模性增长，而非 SOA 中的"单一性原则"。所以，可以说通信协议是服务之间的规则。

2）**面向过程与面向对象编程**。面向过程编程的主要元素是过程（即函数），而过程之间的交互规则也比较简单，就是调用或反调用。而在面向对象编程中，它的主要元素是对象。相比之下，对象之间的交互规则也要复杂一些，包括依赖、关联、继承、聚合、组合等。

（2）时间规则

时间规则指的是根据时间因素将架构中不同元素有序地编排起来。比如，不论是 RUP 中的 4 个阶段、DDD 中的战略和战术设计或是 TOGAF 中的 ADM 方法，都是按照时间来串联的。此外，在许多模型图中，如类图、微服务交互图、业务流程等，都有元素之间的调用、依赖或交互关系，这些关系都遵循时间规则。相比传统瀑布方法，敏捷方法也是改变了开发方式的时间规则。

（3）空间规则

空间规则指的是根据空间因素将不同元素有序地编排起来，空间因素可能包括空间位置和层次等，来看几个例子。在空间位置方面，最典型的例子是物理部署图中不同元素间的空间拓扑关系，不同元素可能分散在不同的城市、园区或网络区域中。IaaS、PaaS、SaaS 等平台也隐含了与业务逻辑的远近空间关系。在空间层次中，一个复杂的架构编排通常都有分层，例如应用架构中有分层；DDD 设有领域、子领域、限界上下文、聚合的分层等。

可以发现，架构编排与社会组织是非常相似的。同时需要注意的是，尽管架构编排的核心组成部分是固定的，但是随着架构的发展演进，编排形态、元素和规则的具体内容都在不断发生着很大变化。在学习架构的过程中，我们要深刻理解架构编排的这种变与不变。

3.4 节、3.5 节和 4.4 节将分别介绍高并发、高可用和可演进的架构编排。4.1 节和 4.2 节将介绍敏捷和 DevOps 的架构编排。第 7 章将介绍应用架构、数据架构和技术架构的编排方式。希望读者能从中领悟到架构编排的本质，并可以灵活运用。

3.3　系统模型的架构编排

本节将从架构编排的角度进一步剖析功能模型、结构模型与行为模型，以及它们的"架构元素 + 架构规则"具体包含哪些内容。

1. 功能模型

功能模型用于描述系统"干什么"。具体来说，功能模型又分为两类：一类是针对客户的外部功能，另一类是系统实现的内部功能。

在外部功能中，架构元素一般包括客户和系统两类，它们之间的关系就是系统可以提供给客户什么功能。例如，我们在面向对象分析时常用的用例图就是这样一种功能模型，如图 2-5 所示。

在内部功能中，架构元素是一个过程，这里的过程通常采用"动词 + 名词"的形式表示。而元素之间的关系主要依赖对象、数据或控制变量等的传递。例如，汽车加速（外部功能）对应的内部功能模型如图 3-1 所示。

图 3-1　汽车加速的内部功能模型

2. 结构模型

结构模型主要用于描述系统"是什么"。其中,架构元素通常用一个名词来表示,而架构规则大多情况下表示的是一种连接关系或空间拓扑关系。

例如,应用交互关系图是一种结构模型,它的架构元素是应用,通过连接关系展示应用之间的数据或交互接口。

类图也是编程中常见的一种结构模型,它的架构元素是类,并且类之间的关系比较多样化。比如包含关系是一种空间拓扑关系,而继承和泛化关系则是一种连接关系等。

此外,在系统上线时所用的物理部署图也是一种结构模型,它将服务节点视为架构元素,而服务节点之间的关系既代表了一种连接关系,也代表了一种空间拓扑关系。

3. 行为模型

行为模型主要用于描述系统"怎么干"。行为模型中的架构元素一般包含两大类:一类是行为的发起者,称作行为体;另一类是实体,可以包括系统、角色、对象等,实体之间通常通过动作建立关系,而多个动作和相应的实体按照先后顺序串联起来,就形成了行为模型。

举例说明,在业务架构建模阶段绘制的业务流程图是一个行为模型,它是一个端到端的流程,因此,它的架构元素包括流程的发起者(即行为体),以及其他参与流程的角色,而角色之间通过动作的先后顺序进行关联。

此外,时序图也是一个典型的行为模型。它主要针对对象的行为建模,其架构元素包括行为发起者(用户或系统)与其他对象,对象之间主要通过消息的交互进行关联。

至此,我们主要在架构编排理论层面阐述。而在实践中,架构编排的应用场景非常广泛，接下来以高并发和高可用为例，讨论一下如何运用架构编排的核心思想来分析、解决相关的设计问题，以便读者对架构编排有更深入的理解。

3.4　高并发系统的架构编排

本节先以都江堰水利工程作为类比探讨一下高并发系统的核心设计原则。为什么选择都江堰作为案例呢？大家可以想象一下，当一个软件系统面临大量用户访问时，是不是与洪水冲过来的场景有些类似。在治水方面，我们国家有着几千年的经验，都江堰至今仍然在发挥巨大作用，这说明了这些经验是非常珍贵的。接下来先看一下都江堰是如何控制水流的"高并发"的。

在都江堰中，主要有 3 个地方用于防洪，如图 3-2 和图 3-3 所示。第一个地方是鱼嘴分水堤，在枯水期，即水流量小时，大部分水会流往内江；而在汛期，即水流大时，就会分流到外江；第二个地方是飞沙堰，当水流量较大时，就是从飞沙堰这里分流到外江；第三个地方是宝瓶口引水口，大家可以看到这个地方很窄，这样水流量很大时就起到了限流的作用。

可以看出，都江堰解决防洪的措施有两种：一种是分流，另一种是限流。相似的是，高并发系统设计的核心思想同样是分流和限流。

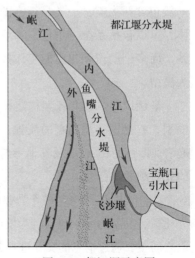

图 3-2　都江堰示意图

图 3-3 都江堰实图

图 3-4 是一个典型的高并发系统架构图。其中，CDN、双园区设计、应用服务器集群、Nginx 中的多进程和多线程、数据库分库分表、分布式缓存等本质上都属于分流技术；而限流技术的范畴更广一些，像 F5、Nginx、应用服务器等都具备一定的限流能力。

按照架构编排中"架构元素＋架构规则"的二元组，高并发系统架构元素可以包括线程、进程、容器、服务节点等。但是，能否提炼出一些典型的架构规则呢？接下来主要从元素的空间位置、空间层次，以及个体策略维度进行讨论。

首先，高并发系统中的架构元素主要是通过请求串联起来的，属于连接关系，并且这种连接关系从整体上呈现出一个明显的特征，即连接数量呈现出"倒三角"的形态。也就是说，越靠近请求方的节点，其连接数量越多；而越位于下游的节点，其连接数量逐渐减少。举例来说，可以将图 3-4 所示架构划分为六层：CDN、GTM、F5、应用服务器、分布式缓存和数据库服务器。假设从请求方到达 CDN 时的连接数为 10 万个，那么到达 F5 时可能减少至6 万个，并最终在数据库服务器处可能不超过 1000 个，甚至更少。

基于高并发系统架构编排的"倒三角"特征，分别探讨分流和限流的通用规则。

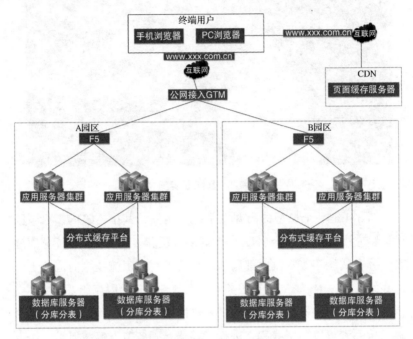

图 3-4   高并发系统架构典型示例

在分流的实现上，通常架构元素之间遵循以下架构规则。

一是空间位置方面，越靠近请求方的元素，越应承担更大的分流力度。在实践中，应将适合处理高并发的元素（如 CDN、缓存等）尽可能放置在靠前的位置。

二是空间层次方面，如果请求过多，可以考虑增加更多层次进行分流，这样可以有效降低每个元素节点所承受的负载（压力）。

三是个体策略方面，优先利用节点内部的线程和进程进行分流操作。只有当这些资源不足时，再考虑扩展节点来满足需求。

在限流的实现上，架构元素之间通常遵循以下架构规则。

一是空间位置方面，越靠近请求方的元素，其限流的作用往往越关键。因此，应将限流机制尽可能放置在像 F5 等元素上，而不是放在后端的应用服务器或数据库服务器上。

二是空间层次方面，每一层都应为下一层设置合理的限流数目，以确保每一层都能为下一层提供适当的保障。这样可以避免后端系统过载，从而提高系统整体稳定性。

三是个体策略方面，通常情况下，各个元素自身负责提供限流能力。这种能力可以通过直接拒绝请求或将请求放入等待池中来解决。选择合适的方式取决于具体需求和架构设计。

3.5　高可用系统的架构编排

绝大多数自然界生物具备出色的"高可用"能力。总结起来，动物主要用 3 种高可用方式保护自己。

第一种也是最常见的方式——冗余设计。不仅人类如此，很多动物都采取了重要器官的双备份设计，例如两只眼睛、两只耳朵、两条腿等。

第二种方式是快速自我修复能力。例如，蜥蜴和其他爬行动物在失去尾巴后可以迅速再长出新的尾巴；章鱼在失去一只触角后也会快速重新长出新触角等。

第三种方式是通过交互合作机制实现高可用性。群居性动物（如蚂蚁和蜜蜂）就依靠集体策略来确保整体的稳定性不受影响。当一个个体遇到问题时，其他个体会迅速补充进来，以维持整体稳定。

实际上，高可用系统所采用的机制与自然界中的高可用机制非常相似。来看一张典型的高可用系统架构图，如图 3-5 所示。

其中，Nginx 的主备高可用采用了冗余设计；虽然在 PaaS 云平台中部署的应用服务器没有准备冗余服务器，但是 PaaS 平台具备服

务的自愈能力。当服务节点发生故障失效之后，可以快速调度另一
个服务节点来替代，这是一种快速的自我修复能力。

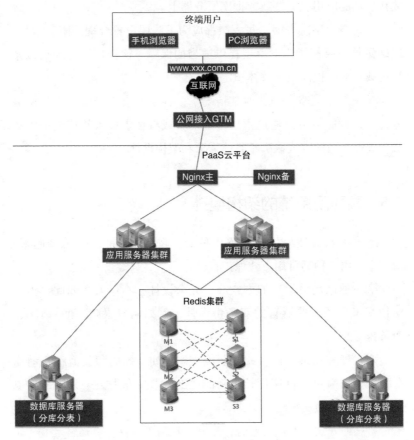

图 3-5　高可用系统架构典型示例

此外，分布式缓存 Redis Cluster 的高可用实现中既有冗余的设
计方案，又有基于交互合作机制实现的高可用方案。在冗余的设计
方案中，Redis Cluster 的每个主节点都会有一个或多个从节点。当
主节点接收到写入操作请求时，它会将数据同步到所有的从节点上。
另外，Redis Cluster 还使用了选举机制，每个节点都可以成为主节点

或从节点，并通过选举过程确定新的主节点来接管失效节点的工作，这属于通过交互合作机制实现高可用性。

总体而言，我们发现高可用系统的架构设计与自然界生物所采用的高可用规则基本一致，它们都依赖于冗余设计、快速自我修复能力和交互合作机制来实现高可用性。接下来探讨高可用系统中架构编排方式的"架构元素+架构规则"，可以将它们看作二元组。

对高可用系统来说，这些架构元素之间又有哪些典型的架构规则呢？我们从元素间的关系、空间位置、空间层次，以及个体策略维度进行讨论。

一是元素之间的关系方面，元素之间的关系不再是通过请求串联起来的连接关系，而更多表现为一种空间拓扑关系。

二是元素的空间位置方面，通常对高可用的要求越高，元素之间的空间拓扑关系越加复杂。例如，像银行中的核心系统通常会设置 3 个异地备份，通过尽可能扩展空间来减少可能出现的风险。

三是元素的空间层次一般采用两层结构。除了元素自身之外，至少还需要另外一个能够监控元素状态的元素，在元素失效的情况下及时进行备份元素的切换。不论是冗余方式、自愈方式还是集体合作方式，通常都需要这类监控元素的存在。

四是元素的个体策略方面，往往高可用的要求越高，所需的实体数量也会越多。例如，一般集群模式下，至少需要 3 个实体来确保集群发生故障失效时仍能正常工作；若希望提供更好的保障能力，则可能需要 5 个或更多实体。

在上述讨论中，我们仅仅通过元素间的关系、元素的空间位置、元素的空间层次，以及元素的个体策略 4 个维度进行了分析，在生产实践中，编排包括的维度肯定更多，笔者抛砖引玉，希望能引发读者进一步的思考。

3.6   本章小结

由于架构编排是用于解决信息交换之后的具体设计问题，因此在架构知识模型的 3 个维度中，架构编排涵盖的范围最广。

本章以社会组织作为类比，深入探讨了架构编排的内核：架构元素＋架构规则。接着以高并发和高可用两个常见场景的设计问题为例，讨论了如何运用架构编排思想去分析和解决同一类问题。

第 4 章

架构演进

当前，演进的思想已经深入人心，广泛应用于项目管理、架构设计和编程等领域。在计算机时代刚开始时，我们还看不到这种思想的踪影。实际上，是敏捷理念的出现为这一思想打开了发展空间。目前，架构演进主要涉及敏捷、DevOps、重构、持续迭代等理念，指的是在一定时间跨度内通过"渐进"的方式将事情完成。本章将首先探讨敏捷和 DevOps 的本质以及二者的关系。接着，将探讨可演进系统的设计，实际上它也属于架构编排的范畴，其他内容（如重构）将在 9.3 节介绍。

4.1 敏捷的本质

敏捷是什么？2001 年 2 月，Martin Flower 等 17 位著名的软件开发专家齐聚美国犹他州雪鸟滑雪胜地，举行了一次讨论会。在这次会议中，敏捷开发概念被正式提出。同时，"敏捷宣言"及敏捷的 12 条原则发布，宣告了敏捷开发运动的开始，如图 4-1 和图 4-2 所示。

图 4-1　敏捷软件开发宣言

图 4-2　敏捷宣言遵循的原则

首先，敏捷是一组价值观和原则，而不是某一种具体的方法论、过程或者框架。例如，大家熟悉的 Scrum、极限编程（XP）都是具体的敏捷方法论。

1. 敏捷产生的原因

在应对第一次软件危机时，工程化思维被引入软件研发领域。我们大家所熟悉的瀑布式软件开发模型就是工程化思维在软件领域的典型运用。

瀑布式软件开发模型是一种直观、线性和有纪律性的项目管理方式，通过一个个事先规划、容易识别的里程碑逐步向前推进项目。除了软件开发领域之外，瀑布式软件开发模型在其他领域也得到了广泛应用，例如工程建筑中的大楼、大桥、高速公路等建设项目通常都采用瀑布式软件开发模型进行管理。

但是，软件开发和工程建筑在某些方面存在根本性区别。例如，在工程建筑中，一旦确定了设计图纸并完成建设，后续基本上不会再有较大的变动。然而，在软件开发中，需求变化则是很常见的情况。

因此，瀑布式软件开发模型无法满足软件研发领域的需求。在这种情况下，工程师们开始寻找其他解决办法，并陆续提出了极限编程、Scrum、水晶开发方法和精益软件开发方法（Lean Software Development）等。最终，对这些方法的精髓进行凝聚、提炼，形成了敏捷思想。

那么敏捷解决了什么问题呢？在敏捷开发方式下，需求并不是一次性全部提出来，而是先列出一个最关键的需求集合，也被称为 MVP（Minimum Viable Product，最小可行性产品）集合。在将 MVP 开发完成之后，再从剩余未完成的需求中找出最关键的集合，如此进行迭代，直至项目完成。

对于单个需求来讲，实际上敏捷方法并没有提高开发效率。例如在传统方式下，一个需求可能需要 5 天时间开发完，在敏捷方法下同样需要 5 天时间。此外，敏捷方法也并不能保证缩短项目周期或降低成本。举个例子，对于那些具有较高确定性的系统开发项目，采用敏捷方法反而可能会增加沟通等方面的成本。

然而，对于那些具有较大模糊性的系统开发项目来说，敏捷方法更加适用。在这种情况下，项目初期是我们对该系统了解最为浅薄的时候，在这个阶段就将所有需求定下来显然不太可能。相反，可以首先抓住项目中的关键需求，并随着项目的深入以及我们对系统的认识逐渐加深，需求也会越来越清晰。因此，最终可能会发现原先计划的许多需求根本不需要实现，敏捷方法正是通过过滤掉这些不必要的需求，节省了资源和时间。

此外，在敏捷方法下，对于一个需要较长开发周期的项目来说，由于实施中不断反馈带来的过程透明化以及产品的迭代验证，会有更好的项目交付保障并提升用户满意度。

2. 敏捷的本质

对敏捷的概念有了一定了解之后，我们进一步探讨敏捷的本质是什么。敏捷落地有两个常用的方法——XP 和 Scrum。XP 强调快速反馈、简单性、持续集成、可靠性和团队协作等实践原则；而 Scrum 的核心思想是通过原型优先、迭代式开发、自组织团队、持续集成和透明化过程等手段来提升软件开发的质量和效率。

无论是敏捷思想还是具体的实施方法（如 XP 和 Scrum），它们的核心都围绕着"反馈""持续""迭代"等理念展开。可以说，敏捷的本质是一种"负反馈调节"的方式。这里用到了一个控制论中的术语——负反馈调节，其核心在于设计一个目标差，并在执行过程中不断地基于反馈与目标差进行比较，使得目标差在一次次控制中慢慢减少，最后达到目标。

在现实世界中，我们可以找到许多"负反馈调节"的案例。一个自然界中典型的案例是老鹰捕食猎物的过程，老鹰显然不可能事先就完全计算好狩猎目标的运动路线。实际上，老鹰在最初发现猎物后就选择一个大致的方向朝猎物飞去，但在这个过程中，它不断根据目标的动态，调整路线，所以不管猎物怎么跑，它做出的飞行决定都是缩小自己与猎物位置的差距，最终捕食到猎物。

"负反馈调节"的方式之所以有效，主要与两个因素相关。一是客观环境往往在不断变化，意外情况也会频繁发生。"负反馈调节"的方式让我们可以根据周边环境的变化，对计划进行灵活调整和改进。相比之下，瀑布式方式要求在项目开展之初，就进行详尽、全面地计划，中间执行过程中则缺乏对不可预测性事件的反馈和调整，因此最终可能离目标越来越远。

二是与资源的特性有关系。即便客观环境相对比较稳定，然而在实际工作中，我们通常也需要投入大量的资源来完成一项任务，这些资源并不是按照线性顺序排列的，而是具有分层、嵌套和循环等复杂的关联。因此，我们完成任务所需的资源的组织过程也并不是一蹴而就的，而是逐级解锁的，只有到达某个点之后，后续的资源才会浮现出来。因此，在面对复杂任务时，我们很难一开始就完全预见和安排好所有可能涉及的资源。

总而言之，对于任何一项复杂的任务，很难轻易制订出一个完美计划，并从一而终地执行完成。在生活中我们也常常有这样的体会，许多美好的事情并非突然降临，而是通过一系列正确决策、琐碎事件以及不断调整过程中的偏差而最终发生的。因此，对于完成一项任务来说，更好的方式是先做起来再说。在这个过程中，我们不断地通过反馈得知与目标之间的差距，然后不断调整自己的行动以缩小这个差距，最终才可能完成目标。可以看到，敏捷的原理其

实非常简单，然而现实中很多企业还是没有用好敏捷，原因究竟是
什么呢？ 9.3 节和 10.3 节会分别尝试从熵增和链路思维的角度给出
一些解释。

4.2   DevOps 的本质

DevOps 是什么？维基百科中对于 DevOps 的定义是：DevOps
（Development 和 Operations 的组合词）是一种重视"软件开发人员"
（Dev）和"IT 运维技术人员"（Ops）之间沟通合作的文化、运动或惯
例。通过自动化"软件交付"和"架构变更"的流程，构建、测试、
发布软件能够更加快捷、频繁和可靠。

DevOps 的定义体现出了"研发运营一体化"的思想，这也是很
多人对 DevOps 的理解。为了具体指导这种思想的实施，国内权威机
构中国信息通信研究院在其发布的"研发运营一体化（DevOps）能
力成熟度模型"中提供了详细方案。该模型将 DevOps 划分为配置管
理、构建与持续集成、测试管理、部署与发布管理、环境管理、数
据管理以及度量与反馈七大能力域，并进一步划分为 14 个能力大项
和 49 个能力子项，如表 4-1 所示。通过实施这些能力，我们可以达
到实现 DevOps 研发运营一体化的目标。

表 4-1   研发运营一体化能力成熟度模型

持续交付						
配置管理	构建与持续集成	测试管理	部署与发布管理	环境管理	数据管理	度量与反馈
版本控制	构建实践	测试分层策略	部署与发布模式	环境管理	测试数据管理	度量指标
变更管理	持续集成	代码质量管理	部署流水线		数据变更管理	度量驱动改进
		自动化测试				

接下来同样深入探讨一下 DevOps 的本质是什么。DevOps 概念最近几年一直很火，很多企业都在开展 DevOps 的相关工作。DevOps 的很多关键词也逐渐为大家所熟知，例如一体化、一包到底、端到端、自动化、度量、协作、持续集成、持续部署等。

尽管 DevOps 的能力域看似众多，概念丰富多样，其实本质都是围绕着一个中心点展开，就是致力于最大限度地消除业务、研发、测试、运维等各个阶段及各个环节之间的信息不对称。

不对称是经济学里的一个概念，二手车市场中常提及的"劣币驱逐良币"现象和保险领域中的逆向选择现象都是典型案例。生活中还存在许多其他不对称的情况，比如证券市场中基金经理与散户掌握信息的差异也是一种信息不对称，一般通过限制基金经理的交易行为以及定期公开基金持仓信息来解决。

总体而言，信息不对称给信息流通过程带来了障碍，使得处于信息传递两端的双方，要么接收到了延迟的信息，要么接收到了失真的信息。如果这种信息不对称发生在软件研发领域，那么可能会导致上线失败，或者会增加沟通成本并造成项目周期延长等。

从消除信息不对称的角度，可以更容易理解 DevOps 中的各项举措。例如，目前在 DevOps 中倡导的一包到底原则，实际上是强制消除了交付介质在不同阶段的信息差异；再如，过去常常出现开发环境部署顺利而生产环境出错的情况，直到 PaaS 平台引入镜像概念后才解决了不同环境的信息差异。

除了环境和介质，自动化也是一种有效消除信息差的方式。即使人工操作再细致谨慎，也存在出错的可能性，而使用流水线进行自动化操作可以消除这种人为差异。另外，DevOps 要求对指标进行自动采集和统一展示，在本质上也是为了消除不同角色之间的信息不对称。比如，过去某些指标只有开发和运维团队掌握，领导由于无法获得准确的信息，推动进程可能会变得缓慢或者采取了治标不治本的举措。

同样，DevOps 中经常提到的上下游工具链打通，实际上是希望数据能够流动起来，通过数据整合尽可能发挥其价值，以消除各个阶段间的数据差异。此外，在开发软件方面要求具备单一可信源，也是为了消除工具之间的不对称性。

4.3　敏捷和 DevOps 的关系

通过上面的讨论，我们得出了敏捷和 DevOps 的本质。那两者之间有关系吗？如果有的话，两者的关系又是什么呢？

从共同目标的角度来看，敏捷和 DevOps 都致力于为业务提供快速、可靠、易修改的软件。我们可以将软件交付过程类比为制造业中的装配流水线，敏捷和 DevOps 都追求软件产品在流水线上快速、高效地运转起来。

在传统的瀑布开发方式下，软件交付流程可以被视为一条完整的流水线，产品从开始到最终生成是一个连续的过程。然而，在敏捷开发方式下，由于需求经常变更，它的应对策略是将这条流水线拆分成多个小的子流水线，每个子流水线都能够生产出一个增量版本的产品。如果客户对某个增量版本满意，那么该版本再进入下一个子流水线中继续生产。这种拆分和迭代式的方法使得团队能够更加灵活地应对需求变化，并且根据客户的及时反馈来不断调整。可以发现，敏捷更多的是一种针对生产过程以及过程中人与人沟通方法的创新的编排（或组织）方式。

那么 DevOps 呢？仍以流水线作为比喻，DevOps 更像是流水线中的机器，负责原材料管控、质量管控等措施。DevOps 并不关注流水线是一整条还是分成多条，而更关注产品一旦进入流水线后，如何实现快速且高质量的下线。因此，DevOps 致力于通过自动化来提高生产效率，并通过测试、质量规约等手段来确保软件质量。可以发现，DevOps 更多侧重的是工具与工具之间的协同。当然，这并不意味着 DevOps 就完全排除了人与人之间的协同，只是相对而言，DevOps 更倡导利用工具和自动化流程取代人与人之间的协同方式。

从上面的讨论可以看出，敏捷和 DevOps 在追求相同目标时，侧重点有所不同。现在简要总结一下它们之间的关系，如图 4-3 所示。

从敏捷的角度来看，可以将 DevOps 视为其延伸。首先是在阶段上的延伸，DevOps 进一步涵盖了运维阶段；其次是在工具能力上的延伸，作为对人员能力的补充或替代。有了 DevOps 之后，极大增强了敏捷方法论的实施效果。

而从 DevOps 的角度来看，敏捷是其内核之一。DevOps 的一个重要目标是通过缩短项目迭代周期来实现业务快速上线，离开敏捷这是不可能做到的。只有与敏捷相结合，DevOps 才真正拥有了灵魂，超越了工具集合本身的范畴。

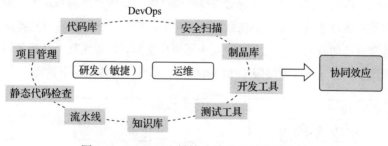

图 4-3　DevOps 和敏捷的关系以及共同目标

4.4　可演进系统的架构编排

可演进的特性涵盖了可扩展、可维护、可移植等概念。当谈到可演进时，我们往往会首先联想到自然界生态系统的进化，因为无论是可演进还是进化，它们的目标都是维持系统的长久生存。对任何一个系统来说，最基本的目标都是生存，自然界的生态系统如此，软件系统也是如此。而从生存这一角度来看，自然界无疑是所有系统当中最好的。

对自然界的生态系统来说，达尔文提出的"物竞天择，适者生存"规则描绘出了它的核心运行规则。对自然界中的个体而言，这个规则十分残酷，每种生物只能尽自己所能地去适应周边环境，否则就将被淘汰。但对整个生态系统而言，这个规则非常有效，在不断淘汰不适合生物的过程中，确保了整个体系长期充满活力。

接下来将视角从自然界切换到软件系统，探讨"淘汰机制"在可演进系统架构设计中是否起着相似的作用。

首先，来看两组系统的架构设计对比图。第一组是单体架构和微服务架构的对比，如图 4-4 所示。从中不难看到，微服务架构具有更好的可扩展性。相比之下，单体架构最大的问题在于模块之间缺乏适度隔离，各个模块代码混合在一起且一起运行，并且技术栈也要保持一致。因此，在面对需求变更或技术变革时，单体架构的系统很容易引发整体性崩溃。反之，在微服务架构下，每个微服务都可以选择最适合自己的技术，从而实现独立变更和独立部署，即便某个微服务被淘汰了，影响范围也仅限于微服务级别，不会轻易波及整个系统。

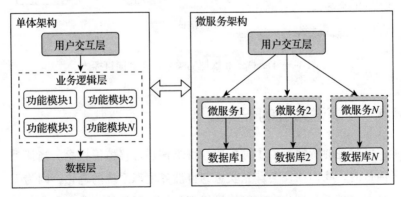

图 4-4   单体架构和微服务架构

　　上游应用调用下游应用的调用流和依赖流（相同和相反方向）的对比图如图 4-5 所示。在左右两张图中，调用流的方向是不变的。然而，从依赖流的方向来看，如果上游依赖下游，则容易受到下游变更的影响。这意味着当下游发生变化时，可能会从下游传导到上游，导致可扩展性较差。相反，在理想情况下应使依赖流与调用流方向相反。这样，下游的变更可以独立进行，从而使系统具有更好的可扩展性。

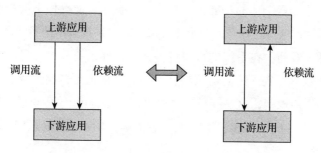

图 4-5　上游和下游应用的调用流与依赖流

　　总之，可演进的系统也可以被视作一种生态系统。而在这个生态系统中，最重要的是淘汰机制的建立，即要求每个微服务、应用或模块都能够以较低的成本进行淘汰，这样反而会促成系统整体、长期的稳健状态。下面从架构编排的维度再来探讨一下可演进系统。

　　可演进系统中的元素可以是类、包、模块、微服务、平台、框架、硬件等。那么，对可演进系统来说，这些架构元素之间又有哪些通用的架构规则呢？我们同样从编排中元素间的关系、元素的空间位置、元素的空间层次以及元素的个体策略 4 个维度进行讨论。

　　一是元素间的关系，与高并发和高可用不同的是，可演进系统的元素关系种类更加复杂，既包括连接关系，也包括空间拓扑关系等。

　　二是元素的空间位置，例如上游元素位于调用链上方并依赖下游元素，但应当要求下游元素的更换不会影响到上游元素。

三是元素的空间层次，进行扩展时应尽可能将系统的整体层次控制在最小范围内，这可以考虑采用以下措施：同一层次内的元素要限制彼此交互，只允许相邻的两层进行单向的交互，不允许跨越层次进行交互等。与此同时，要注意不同层次之间可能会产生连锁反应，因此可能需要同时扩展多个层次。

四是元素的个体策略，在系统规模较大且可扩展性要求高时，尽可能让元素个体的功能范围变小，并且尽可能确保不同的个体具有多样性，这样在任意一个个体被淘汰时对系统整体的影响最低。

可以看到，在系统的可演进方面，软件系统和自然界系统的底层规则基本一致，因此可以将自然界的进化思想转换为架构编排中的一些通用规则，这是一种进化思维模式的运用。第 10 章将介绍还原、整体、降维、逆向等更多思维模式在架构领域中的运用。

4.5   本章小结

自从敏捷诞生以来，演进的思想就广泛应用于架构设计领域。因此，在架构知识模型中，架构演进也作为一个单独维度被提出。

本章选择了敏捷、DevOps 和可演进系统设计三个典型的架构演进专题进行介绍。首先探讨了敏捷和 DevOps 的本质。其中，敏捷本质上是一种"负反馈调节"方式，而 DevOps 本质上是一种解决软件研发各阶段之间信息不对称的方式。同时，敏捷和 DevOps 都属于创新型的架构编排方式。其中，敏捷主要针对的是人与人之间的编排（或组织），而 DevOps 更侧重工具与工具之间的编排。最后，我们以架构编排的方式对可演进系统的设计进行了分析。

PART 3

第三部分

架构落地方法与架构思维模式

本部分将介绍架构认知框架的第二个和第三个维度：架构落地方法和架构思维模式。其中，架构落地方法涵盖从需求分析到系统维护阶段的端到端全流程。通过这些流程，我们可以从零开始设计和实现一个复杂的系统。而架构思维模式部分将重点探讨10种底层思维模式的内涵，帮助读者提升对复杂系统的认知。这部分内容具有以下3个特点。

一是端到端的架构落地方法，包括需求分析、架构设计、系统实现和系统维护。传统上架构落地方法一般只介绍前两个阶段，而不涵盖系统编程实现和系统维护，然而事实上它们与架构密不可分的。第5章对架构落地方法进行概要介绍，同时介绍了理解该方法所需的 TOGAF 知识。第6～9章将详细介绍每个阶段的具体实现步骤。

二是清晰完整的 DDD 设计过程，尤其是如何解决 DDD 应用中存在的问题。

　　三是提供认知瓶颈的突破思路。因为我们所学的架构理论知识属于上层应用学科层面，只能解决架构领域内的问题。实际架构工作涉及与诸多角色之间的沟通和协同。因此，一个优秀的架构师需要具备综合性的知识体系，既要有专业领域的深度，也要有跨学科的广度。深度可以让我们轻松地解决专业问题，而广度可以让我们理解其他角色处境及其工作，找到问题本质。我们可以用底层思维去找出各类事物的本质。第 10 章将重点介绍 10 种思维模式，为读者提供一种向上突破的思路。

CHAPTER 5

第 5 章

预备知识

本章将先对架构落地方法及章节安排进行简要介绍，以便对架构落地的全流程有整体性了解。此外，由于第 6 章和第 7 章中的业务架构、应用架构、数据架构和技术架构设计主要参考了 TOGAF 的理论知识，因此 5.2 节将介绍 TOGAF 的双飞轮模型及其核心思想。最后介绍企业和企业架构，帮助读者更好地理解业务架构、应用架构等。

5.1 架构落地方法

图 5-1 展现了架构落地的 4 个阶段：需求分析、架构设计、系统实现和系统维护，每个阶段按照先后顺序又涵盖了一系列任务。接下来，将结合图 5-1 简要介绍每个阶段的主要工作。

5.1.1 需求分析

需求分析主要涉及两个核心部分：需求捕获和业务架构设计。

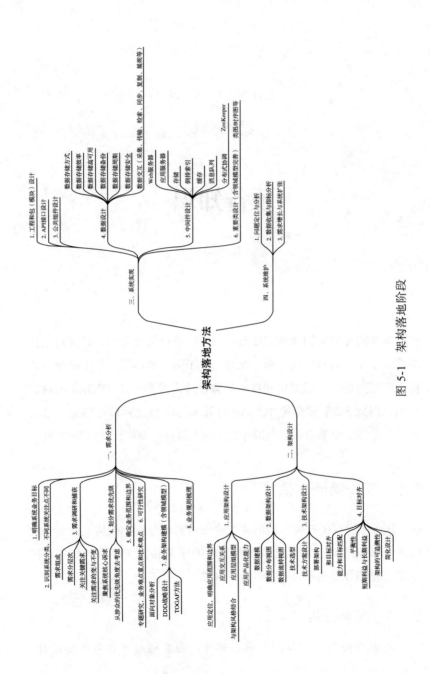

图 5-1　架构落地阶段

其中，需求捕获的主要目标是从用户侧得到一份全面、准确的需求，关系到系统建设成功与否。需求分析包含 7 个步骤：明确系统业务目标、识别系统分类、分析需求组成、捕获利益攸关者需求、划分需求优先级、区分变与不变的需求和输出需求说明书。

此外，业务架构设计的主要目标是使用业务人员和技术人员都能理解的方式将业务需求表达出来，并需要解决 3 个问题。首先，界定系统的业务范围和边界，以及通过可行性分析回答系统能否落地实现。其次，重点对业务架构的概念、核心关注点和理解误区等进行介绍。最后，详细阐述业务架构的落地方法，即如何通过价值模型、服务蓝图、业务流程图和领域模型来一步步实现业务架构建模。

5.1.2　架构设计

我们将架构设计涉及的工作分三部分来介绍。

第一部分（7.1 节～7.3 节）介绍架构设计的核心工作，包括应用架构、数据架构和技术架构的设计，主要目标是实现业务架构中所描述的需求。我们将讨论每类架构设计工作的职责、核心关注点、理解上的常见误区，以及具体的落地方法等核心问题。

第二部分（7.4 节）将着重介绍 DDD 方法。相比业务架构、应用架构、数据架构和技术架构这套方法论，DDD 是另外一套相对独立的架构方法论。在介绍该部分的工作时，我们将首先澄清 DDD 与面向对象之间的关系，并从中归纳出 DDD 的本质，让读者对 DDD 有一个最为清晰、直观的认识，以摆脱 DDD 难以理解的印象。之后，我们将介绍 DDD 的不足有哪些。针对这些不足，我们来探讨 DDD 的战略设计和战术设计究竟应该如何实现。

在本书的第一和第二部分的内容中，我们介绍的都是将业务需求"化整为零"，并通过应用架构、数据架构和技术架构等不同层次去实现。然而，我们不能忘记系统建设的"初心"，即架构设计始终是为系统业务目标服务的。因此，第三部分（7.5节）将介绍如何从系统整体维度进一步审视和完善架构设计，具体包括如何与业务目标对齐、能力和目标匹配、关注平衡性、短期利益和长期利益的选择、架构的可追溯性以及简化设计等方面。

5.1.3　系统实现

系统实现主要涉及的工作包括工程和包（模块）的设计、API接口设计、公共组件设计、数据设计、中间件设计、重要类的设计等。

如果将这些设计过程归纳起来看，其实核心思想都指向**如何实现高质量代码**。因此，我们将从高质量代码的维度出发，选取分离性、复用性、防御性和一致性4个主要特征进行介绍。

5.1.4　系统维护

从需求到上线，往往只是系统漫长生命周期中的一小部分，后续将面对长期的系统维护工作。

系统维护有3项较为迫切的工作。

一是如何定位生产问题，9.1节将介绍一种系统思考的方式，协助读者从根本上定位问题产生的原因。

二是如何从系统运行的数据中探寻到有用的规律，以"反哺"系统建设。9.2节将介绍统计学中的两条知名曲线，为这个问题提供一些解决思路。

三是如何确保系统有序地进行规模扩张。绝大部分系统开发完成之后，后续会有一系列的新增或维护性需求，从而导致系统本身的不断扩张。如果"熵增定律"应验的话，系统会逐步从有序走向无序，9.3节将介绍如何对抗熵增的一些方法。

5.2 企业架构框架 TOGAF

TOGAF 是一种用于开发企业架构的框架。很多人可能听说过 TOGAF，但认为它主要适用于大型企业级别的架构工作，与普通的架构工作关联性较小。再加上 TOGAF 的文字描述比较笼统，导致很少有人专门去学习它。然而 TOGAF 就像是一座存放着丰富架构知识的宝藏，不论我们是做技术架构设计、业务和应用架构设计，还是想学习架构治理，都能从中找到答案。而且，对它了解得越多，就会越能体会到 TOGAF 内涵之深广。正如前言中提到的，技术性质的工作通常是在问题已经明确的基础之上去寻找答案。然而在架构领域，真正困难的是如何清晰定义问题本身，这需要从整体上了解企业及其内外部环境、业务，以及所有利益攸关者等，而 TOGAF 可以提供一些很好的解决方法和思路来帮我们应对这一挑战。

本节介绍的 TOGAF 主要基于 9.1 和 9.2 版本，这也是目前企业中应用最广泛的两个版本。

5.2.1 TOGAF 标准结构

首先，我们简要介绍一下 TOGAF 9.2 的官方文档中对标准结构的描述。TOGAF 标准被划分为 6 个主要部分。

第一部分是引言，具体来说，主要归结为以下几点。

一是介绍了什么是企业，TOGAF 标准中认为：企业是所有具备共同目标的组织。

二是介绍为什么需要企业架构。因为一个有效的企业架构可以为组织带来重要的效益。

三是介绍了什么是架构框架。它认为架构框架是一种基础架构或一组结构，可以用于开发更广泛的架构。

四是介绍了 TOGAF 标准中的核心概念，包括 TOGAF、TOGAF

架构、TOGAF 支持的 4 类架构域、架构开发方法、可交付成果、制品和构建块、企业连续统一体、架构库、企业架构能力等。

　　五是定义了 TOGAF 标准中的相关概念，包括行为体、应用架构、应用组件、架构风格、架构治理、架构视图、架构观点、架构愿景、业务能力、业务功能等。通过这些介绍，读者可以初步了解企业架构以及 TOGAF 标准中涉及的关键概念和术语。

　　第二部分是架构开发方法（ADM），它是 TOGAF 框架最核心的内容，也是一种分阶段（包括预备阶段以及阶段 A 到阶段 H）逐步开发企业架构的方法，并利用需求管理来驱动各阶段的实施，如图 5-2 所示。

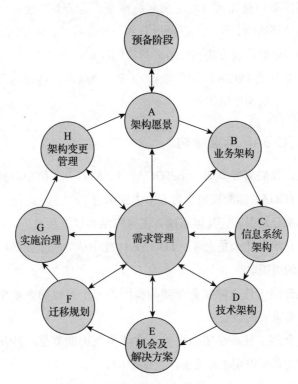

图 5-2　TOGAF 的 ADM 方法

5.2.2 节会通过类比介绍各个阶段的工作，这里不再赘述。

第三部分是 ADM 指南和技术。

一是 ADM 指南方面，主要介绍了迭代法在 ADM 中的应用，以及在架构全景中如何应用 ADM 两部分内容。

二是技术相关方面，主要介绍了架构原则、利益攸关方管理、架构模式、差距分析、迁移规划技术、互操作性需求、业务转型就绪性评估、风险管理和基于能力的规划等方面。

第四部分是架构内容框架。在实施 ADM 的过程中会产生许多输出，如流程、架构需求、项目计划、项目合规性评估等。架构内容框架为架构师的主要工作产物提供了一个结构模型，可以定义、结构化和呈现这些工作产物。具体来说，本部分主要涉及两个主要维度。

一是提供内容元模型，它给出了架构中可能存在的所有类型的构建块的定义，以及构建块的描述与关联，如图 5-3 所示。

二是介绍了架构工作产物的 3 种类型。

❑ 交付成果：一种具体契约的工作产物，由利益攸关方正式审查、认可和签署。

❑ 制品：描述架构某个方面的工作产物。制品又通常分为目录、矩阵（显示事物之间的关系）和图表。

❑ 构建块：企业能力中潜在的可复用组件，它又细分为两类：架构构建块（ABB）和解决方案构建块（SBB）。

第五部分是企业连续统一体和工具，主要论述了对企业内架构活动的各种输出进行分类和存储的适用分类法和工具。其中，重点内容是企业的连续统一体，它提供了一个架构库视图，展示了这些相关架构从一般到特定、从抽象到具体以及从逻辑到物理的演进。图 5-4 是以架构的连续统一体为例进行说明。另外，架构库用于存储架构工作产物。

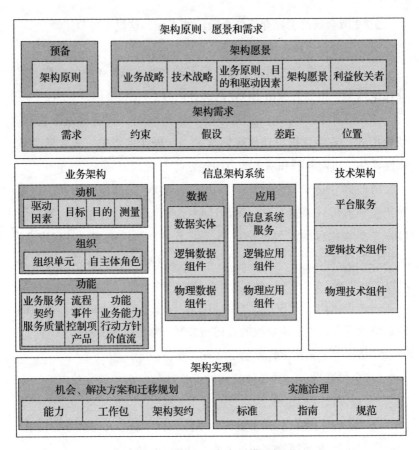

图 5-3 TOGAF 内容元模型概述

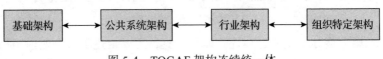

图 5-4 TOGAF 架构连续统一体

　　第六部分是 TOGAF 能力框架，讨论在企业内建立和运行架构功能所需的组织、流程、技能、角色和责任。具体来说，架构能力框架包括架构设计能力、架构委员会、架构合规性、架构契约、架构治理、架构成熟度模型和架构技能框架等内容。

5.2.2　TOGAF 的双飞轮模型

相信有不少人会迷失在 TOGAF 众多的概念中。本节将使用一个简单的双飞轮模型对 TOGAF 做整体性介绍，如图 5-5 所示。

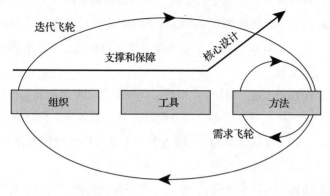

图 5-5　TOGAF 双飞轮模型

在这个模型中，我们将 TOGAF 分为组织、工具和方法三个部分。首先是方法（ADM），它是 TOGAF 标准的核心部分，ADM 提供了一套结构化的架构开发方法，并指导用户按照规定流程进行架构开发；其次是工具，它主要用于辅助和支持 ADM 方法的有效应用；最后是组织，它是为了保障 ADM 方法的有效执行，确定需要哪些人员、哪些职责和制定什么规范等。

在上述模型中，除了 TOGAF 的 3 个主要部分之外，还有两个额外的飞轮来驱动 TOGAF 的运转。第一个是外边的**迭代飞轮**，它不仅推动 ADM 方法的进行，还通过迭代过程来不断改进工具和组织；第二个是**需求飞轮**，在双飞轮模型中扮演内驱角色。ADM 方法由需求管理过程持续驱动，在架构开发过程中需求管理是一项持续性的活动，并且对确保 ADM 方法的有效执行至关重要。

通过这个简单的双飞轮模型中，方法是核心，工具和组织为方法提供支撑和保障，并且强调了 TOGAF 标准在实践中所涉及的迭代和需求管理的重要性。

接下来将进一步讨论方法和工具。我们可以将 ADM 方法与企业创业过程进行类比，以更直观地认识它。

- ❑ 预备阶段：相当于创业前寻找创新点的阶段。
- ❑ 阶段 A（架构愿景）：相当于制定商业计划书，寻找投资机会。只有双方同意并签署投资框架协议后，才能获得所需资金支持。
- ❑ 阶段 B（业务架构）：相当于详细规划创业企业要生产哪些产品或提供哪些服务，以及明确产品或服务带来的价值。
- ❑ 阶段 C（信息架构）：相当于为了支持生产过程而设立部门、定义人员角色以及确定所需的生产要素等。
- ❑ 阶段 D（技术架构）：相当于准备办公场所、网络、计算机等基础设施来支持企业运作。
- ❑ 阶段 E（机会和解决方案）：相当于制定详细的实施路线和解决方案。
- ❑ 阶段 F（迁移规划）：相当于将整个实施过程分为多个阶段，逐步推进实施计划。
- ❑ 阶段 G（实施治理）：相当于建立质量管控等措施，确保产品或服务的生产过程可靠和高效。
- ❑ 阶段 H（架构变更管理）：相当于对产品或服务中途的变更进行流程管理，以确保变更能够无缝衔接并最小化风险。
- ❑ 需求管理：相当于对产品或服务的全生命周期进行管理。

通过以上类比，我们可以更好地理解 TOGAF 方法在企业架构中的作用，它提供了一套系统性和结构化的指导原则来帮助企业有效地进行架构开发工作，并在不同阶段之间建立良好的协调与沟通机制。

另外，在 TOGAF 标准中，工具的概念确实比较多样化，这可能会导致人们对工具的理解上的混乱。为了更好地理解和分类这些工具，我们可以将 ADM 工具简单地分为三类。

第一类是支持 ADM 运行输入所需要的工具。这些工具涵盖需求管理、连续统一体、架构模式、构建块（ABB、SBB）等，它们的作用是提供必要的信息和资源，用于指导和支持 ADM 方法在不同阶段的运行。

第二类是支持 ADM 运行输出所需要的工具。这些工具涵盖可交付产品、制品、输出的构建块以及架构内容框架等，它们可以帮助整合并呈现经过处理后得到的结果，并作为输出进一步使用或传递。

第三类是支持 ADM 运行所需要的工具。例如，在 ADM 中涉及架构变更和架构治理等工作时需要使用相应的工具来管理相关活动，并确保按照规定流程进行操作。

通过将 TOGAF 提供的各种工具划分成不同类别，我们能够更清晰地认识它们在 ADM 方法中的作用，也有助于我们更好地理解 TOGAF 标准，并在实践中选择和使用适合的工具来支持架构开发工作。

5.2.3　TOGAF 的核心思想

在学习 TOGAF 时，还有一种非常有效的方法是基于 TOGAF 的核心思想来厘清它的知识结构。这些核心思想就像主线一样，能够将 TOGAF 众多的知识点串联起来。本节将介绍 TOGAF 中最为核心的 4 个思想。

1. 迭代

作为 TOGAF 中最为核心的 ADM 部分，迭代强调了架构能力迭代、架构开发迭代、过渡规划迭代和架构治理迭代等。除了 ADM，TOGAF 还在其他方面如风险管理、能力增量、组织变更管理等许多地方，都强调了迭代的循环过程，并提倡在不断反馈和调整中渐进式地开发、验证和优化架构。

2. 分层

与迭代类似，分层被视为 TOGAF 中解决系统复杂性问题的主要方法。TOGAF 在许多方面都使用了分层概念。例如，将架构全景分为战略架构、分部架构和能力架构 3 个层次；制品包括目录、矩阵和图表 3 个层次；架构连续统一体的内涵是从一般的基础架构演化到组织特定的架构，并包含了基础架构、公共系统架构、行业架构和组织特定架构 4 个层次；原则也按企业原则、架构原则、业务原则、应用原则、数据原则、技术原则等不同级别进行划分；互操作性分为正式数据交换、通用数据交换、完整数据交换和实时数据交换 4 个层级；而架构治理也分为公司治理、技术治理、IT 治理等层次。

3. 共享

共享也是 TOGAF 的一项重要原则，便于组织能够更好地共享和复用架构资产，提高效率和质量。例如，TOGAF 鼓励组织建立一个集中化的企业架构资产库，将各种可复用的架构元素、模型、框架、工具等都囊括在内，在进行架构开发时，先从这个架构库中查找是否有可复用的内容。此外，TOGAF 提供了一系列标准化的架构模式，如服务导向架构（SOA）、事件驱动架构（EDA）等。这些模式被设计为可复用的解决方案，使用这些已验证过的模式可以加速系统开发，并提高整体质量。另外，TOGAF 引入了架构构建块（ABB）和解决方案构建块（SBB）这两个概念，帮助企业将复杂系统划分为更小、更可管理且可重用的组件，以在整个架构设计过程中拥有灵活性和高效率，并促进共享和复用。

4. 开放

虽然 TOGAF 内容已经非常全面，但还是不可能覆盖现实世界中的所有情况。因此，开放性是 TOGAF 的一个重要原则。首先，"无边界信息流"本身就是一个开放概念，旨在通过有效的信息共享和流通来消除组织内外、系统之间以及业务领域之间的孤岛，并强调跨组织、跨部门和跨技术平台的无缝数据交换与协同工作。此外，TOGAF 在元模型层面提供了灵活扩展手段，涵盖治理、服务、流程建模、数据、基础设施合并等方面。另外，TOGAF 本身可与其他企业框架、项目管理方法、架构治理方法、ITIL、成熟度模型等无缝集成。正是这种开放性，让 TOGAF 具有很强的普适性，而且能够更好地适应变化。

5.2.4 TOGAF 标准存在的主要问题

本节会简要介绍一下 TOGAF 标准存在的主要问题。

首先，用该标准指导企业架构开发过于泛化和笼统。

其次，TOGAF 标准内容过于庞大，导致在实际应用时需要进行相应裁剪。然而，裁剪并不容易。例如，一个体重 160 斤的人想要减到 120 斤可能不算太难，但是从 200 多斤减到 120 斤，其困难程度几乎翻倍。

最后，TOGAF 标准偏重理论与指导性内容，基本没有涉及实践和案例。因此，如要想真正掌握 TOGAF，必须结合实践进行交叉学习。

5.3 理解企业和企业架构

我们先简要介绍什么是企业，并通过一个模型来更好地理解它，然后介绍企业架构以及企业与企业架构之间的关系。

5.3.1 企业是什么

由于企业也是一种系统，我们可以使用 2.2 节介绍的系统模型分类，将企业涵盖的关系大致划分为功能关系、结构关系和行为关系，下面举例说明。

1）功能关系：企业通过生产产品或提供服务向客户传递各种功能价值，这就属于一种功能关系。

2）结构关系：企业内部设立不同部门并建立部门间的合作与协调机制，这是一种典型的结构关系。另外，企业在敏捷开发中也涉及人与人之间的组织协同，这也属于结构关系的范畴。

3）行为关系：企业在实现产品生产或服务过程中所涉及的各类活动和流程，就是一种行为关系。此外，企业在研发过程中，通过应用 DevOps 将整个研发流程（从需求提出一直到系统上线）端到端地串联起来，这也属于一种行为关系。

那么，在企业这么多的关系之中，什么关系是最关键的呢？我们知道，企业最基本的目标是以组织的形态维持生存，这意味着企业必须通过为客户提供有意义、有效用且具有竞争力的产品或服务来创造价值。因此，企业中最关键的关系是功能关系或者说价值关系，它会直接影响与客户的合作以及客户对企业的信任程度，并对企业长期生存起着决定性作用。

然而，为了有效地实现功能关系或者价值关系这个最基本的目标，企业需要依赖内部的结构和行为规则来支持和推动。例如，上面提到的部门设立并建立良好的协调机制，以及采用敏捷开发、DevOps 流程来提升研发效率等措施，均是围绕这一目标进行的设计和优化。

接下来从企业最基本的目标出发，进一步探讨企业中最核心的部分是什么，是人员、原材料、机器这些资源吗？还是别的什么呢？如果一个企业正面临破产清算，我们可以想象一下什么是真正有价值的。很明显，机器或工具这类实体几乎没有价值。相反，将这些实体组织在一起所形成的知识和运转机制才是真正有价值的。因此，对一个企业来说，它最核心的部分是围绕为客户提供的功能或价值而形成的一套知识及运转机制，而并非原材料、工具、软件系统或者人员等这类实体。

简单总结一下，企业是一种社会组织，它最基本的目标是通过为客户提供价值来维持生存，而它最核心的部分是为实现这一目标而形成的一套知识及运转机制。

5.3.2 一个用于理解企业的模型

接下来将构建一个模型来加深对企业的理解。实际上，这个模型与我们推导架构时使用的模型基本相同。至于企业模型和架构模型为何基本一致，简单来讲，企业和架构都是目标导向的系统，两者的运作机制都涉及整合不同的资源并通过决策来推动运行。下面是企业模型的公式：

企业模型 = 信息交换 + 企业组织 + 企业演化

在企业模型中，信息交换主要描述了实现此目标的流程。通常情况下，企业需要原材料或其他形式的资源作为输入，并通过一系列内部业务流程将这些资源转化成最终输出的产品或服务。随后，这些产品或服务还需要通过市场连接和经销渠道等环节才能到达客户手中。因此，信息交换的起点是资源连接，终点则是与客户建立联系，在中间过程进行内部资源转化以实现最终输出。

为了实现信息交换，企业需要依赖各种资源来具体落地实施。这些资源包括人力、机器、工具、软件系统等。其中，人力通常是企业最重要的资产，他们负责作出决策，并通过协作和沟通推动流程的运转。机器和工具则主要提供了自动化和高效率的生产能力，帮助企业加快产品或服务的制造过程。同时，在现代企业中，软件系统开始扮演着越来越重要的角色，其主要作用是替代人的体力活动或辅助人进行决策。

资源对企业来说不可或缺，而真正使整个企业正常运转起来的关键是企业的组织工作。它是企业的大脑,有序地管理着各类资源。

最后,企业的外部环境随着时间推移会不断变化,这种变化可能来自监管政策、竞争压力、行业兴衰、市场趋势、客户喜好以及技术发展等多个方面的变化。因此,企业必须能够不断适应这种变化,持续演进。

5.3.3　企业架构的本质及作用

软件系统的应用可以大幅提升企业的组织效能,特别是随着前沿技术的不断涌现,在某些情况下甚至可能产生颠覆式的创新。因此,出于降低成本、提升效率或实现创新的目的,许多企业正在积极引入更多的软件系统。

但是,软件系统的建设和维护成本是企业必须面对的挑战之一。例如,许多企业内部都有大量难以维护的遗留系统,由于这些系统仍然在使用,所以很难完全下线。

矛盾由此产生。一方面企业出于信息化和数字化转型下的需要,不得不引入更多的软件系统。另一方面,软件系统的增加和维护会大幅提升企业的成本。而企业架构就是为了在增加软件系统的同时,尽可能从整体上降低成本。

简而言之,企业架构主要是为了解决软件系统建设过程中的矛盾而产生的,帮助企业合理引入并管理软件系统,以实现降本增效以及创新驱动等目标。

5.3.4　企业与企业架构的关系

企业的知识体系大致分为两类:一类是业务知识体系,另一类是技术知识体系。其中,业务人员主要掌握着与企业实际运营相关的业务知识,在现实空间发挥作用;而技术人员则掌握与系统开发和维护相关的技术知识,在虚拟空间中发挥作用。

其中，业务知识体系是基础，企业需要通过它来实现最基本的业务功能，并产生可预期的功能或价值；而技术知识体系是延伸，企业需要通过它将各类软件系统应用于企业的业务流程中。举例来说，业务知识体系和技术知识体系的关系，有点类似功能性需求和非功能性需求之间的关系。可以将业务知识体系视为功能性需求，它保证了系统能够满足基本功能方面的预期；而技术知识体系则类似非功能性需求，在满足基本功能之外还能提供更好、更高效的表现。

在了解企业中两套知识体系之后，我们来探讨一下企业和企业架构之间的关系。如上所述，企业中最基础的是业务知识体系，它负责维持企业业务的基本运转。然而，出于降本增效等目的，企业需要引入软件系统替代全部或部分业务流程，这就引入了技术知识体系。企业需要技术知识体系让业务的运转更上一层楼，但同时还要避免软件系统带来过多组织成本消耗。此时，企业架构就可以派上用场，它相当于技术知识体系中的"指挥官"，指导着各类软件系统在企业中如何建设。

总之，企业和企业架构之间的关系主要体现在以下方面：首先是方向性，企业架构需要服务于企业战略，为企业创造价值是企业架构的目标。其次是整体性，企业架构需要从全局视角去审视企业中所有软件系统的建设，并确定哪些应该建设、如何建设以及必须遵守哪些统一的规则等。最后是演化性，企业架构需要跟随企业的变化而动态调整，不存在一成不变的企业架构。

5.4 本章小结

本章内容均是架构落地方法相关内容的铺垫。首先，帮助读者从整体上认识架构设计。其次，介绍了 TOGAF 架构。最后，介绍企业和企业架构的本质与关联。

CHAPTER 6

第6章

需求分析

本章将正式开始架构落地方法的讲解。我们将先介绍架构落地的第一阶段的需求分析。

6.1 需求捕获

需求捕获指的是系统确定需要建设之后，架构师与系统的利益攸关方进行多方沟通捕获需求的过程。众所周知，好的需求是系统建设成功的保证，下面将介绍如何通过 7 个步骤来进行需求捕获。

6.1.1 明确系统业务目标

对企业而言，每个系统都有建设目标。我们首先需要了解的是系统的业务目标，并且需要注意的是，目标通常也是分层次的，在确定业务目标时，不应该仅仅关注部门或领域级别的目标，而需要从企业整体性角度去审视系统的业务目标。区分目标的层次有一个小的技巧，即企业层级的业务目标通常能够为企业的客户带来特定功能或价值。同时，这个业务目标最好有一定数字方面的支撑，以更好地指导后续的架构设计。在业务目标之下，我们可以逐步设置一些其他子目标，但是一定记住，系统功能的展开一定是以满足业务目标为前提的。

根据上述描述可以看出，在确定系统的业务目标时应该考虑以下几个主要因素：首先是确定业务目标，即可以为客户带来的价值；其次是明确系统需要提供的功能；第三是尽量通过数据支撑业务目标。

举例来说，电商秒杀系统的业务目标可以描述如下：为了给客户带来卓越的购物体验，需要开发一个秒杀系统，在双 11 期间的零点至一点之间提供商品秒杀功能，预计在秒杀高峰期间，并发用户数约为每秒 500 万人。

6.1.2 识别系统分类

有了系统的业务目标，以及初步了解系统要实现的功能之后，接下来可以进一步识别系统的分类，因为不同类型的系统在需求捕获时会有不同的关注点。根据系统职能的不同，大致可以将系统分为 4 种类型。

第一类是**用户交互类系统**。这些系统直接面向客户提供企业服务，并从外到内实现前端界面交互和面向用户的服务流程。它们作为与用户交互的窗口，在功能上主要关注以下几个方面。

一是用户体验，需要适应当下技术和社会潮流趋势，通过智能交互、定制体验、用户行为分析与即时反馈等手段提供更好的用户体验。

二是流程整合，能够从用户视角出发，整合后端产品和服务，提供端到端集成的线上服务流程。

三是渠道整合，在全渠道用户价值交付视角下，提供全渠道服务整合以及跨渠道协同能力，确保产品和服务具备一致性且能够无缝衔接。

四是客户唯一性，为未来建立客户画像以及大数据分析等做准备。

第二类是**业务处理类系统**。这些系统提供具体业务处理能力，并实现企业对外的专业服务能力。业务处理层的主要关注点如下。

一是流程分析，通过流程的拆分和聚合来识别组件化、模块化的企业级业务处理能力。

二是领域模型，在该类系统中进行核心业务的领域建模，将核心资产以模型方式留存和传递。

三是数据归集，核心业务产生的数据具有重要的业务价值。

第三类是**数据分析类系统**。这些系统主要提供决策支持能力。数据分析类系统的主要关注点如下。

一是决策场景，明确哪些角色在什么场合使用该系统。

二是报表类型，在不同的决策场景下提供成本合理且适用的报表类型。

三是分析工具，建议搭建一个企业级统一平台以节约资源。

第四类是**后台支持类系统**，例如涉及 OA 办公、财务、人力等的系统，这些系统的主要关注点是工作流程。

6.1.3　分析需求组成

在具体捕获需求之前，我们需要先了解一下需求的内部组成。

首先，**需求是分层次的**。业界通常将需求分为业务需求、用户需求和系统需求 3 种类型。其中，业务需求指的是系统出资方要达到的业务目标、预期投资和工期要求等；用户需求指的是用户希望系统提供的功能；系统需求指的是系统要实现的功能范围。外部功能对应的是用户需求，内部功能对应的是系统需求，并且内部功能通常是根据外部功能推导出来的。

其次，**需求内部还有不同构成**。我们较为常见的包括功能性需求、非功能性需求和约束条件。其中，功能性需求描述了系统能做什么；非功能性需求描述了系统如何更好地完成这些功能；而约束条件则定义了在什么条件下去实现这些功能性和非功能性的需求。

其中，非功能性需求可以根据系统所处的阶段，又分为开发期需求和运行期需求两大类。例如，开发期的非功能性需求包括易理解性、可重用性、可测试性、可扩展性、可维护性、可移植性等；运行期的非功能性需求包括高性能、安全性、高可用、易用性、可伸缩性、可操作性、可靠性、鲁棒性、可监控性、运营指标可获取性等。

约束条件涉及业务环境因素、使用环境因素、构建环境因素和技术环境因素。其中，业务环境因素指的是来自客户 / 出资方的约束，如预算限制、上线时间要求、集成要求、业务限制、法律法规、专利限制等；使用环境指的是来自用户的约束，如用户的年龄和偏好、国家、使用环境、软硬件环境等；构建环境因素指的是来自开发者和运维人员的约束，如开发团队水平、开发管理水平等；技术环境因素指的是来自技术平台、中间件、编程语言、技术发展趋势等的约束。

关于功能性需求、非功能性需求和约束条件，有几个需要重点关注的地方。首先，功能性需求决定了系统能否完成预期工作，但它往往并不能决定系统的架构。系统的架构与功能性通常是正交的，而非功能性需求则更多地影响了系统的架构设计。因此，在架构设计的不同阶段，应关注各自阶段的重点。

最后，大家往往熟悉系统的功能性和非功能性需求，却容易忽略约束条件的重要性。然而，约束条件也是必不可少的。我们在实现需求时,资源肯定是有限制的,而约束条件就是来定义资源的边界,告诉我们在什么资源边界内去完成功能性和非功能性需求。

6.1.4 捕获利益攸关者需求

接下来就可以进入利益攸关者的需求捕获阶段。首先,我们可以对利益攸关者进行分类,一种直观的分类方法是将利益攸关者分为系统使用方和系统支持方。其中,系统使用方是指系统开发完成部署上线之后使用系统功能的用户,而系统支持方的范围稍微广泛一些,包括系统出资方、系统开发人员、系统维护人员等。这两类利益攸关者对系统的需求、影响等都是不一样的。

随后,针对每一类利益攸关者,我们可以开始调研并捕获他们的需求。此时,我们关注的主要是从系统的功能维度去了解用户需求。比如,下面几个问题可以调研。

❑ 你希望系统提供什么功能?

❑ 你打算在系统里做些什么事情?

❑ 你做这个事情的原因是什么?

❑ 完成该任务后,你期望后面发生什么?

❑ 如果提的需求是现阶段的,那未来你希望系统还能提供哪些功能?

通过以上问题,我们能够了解当前系统所需实现的功能、背后动机以及流程之后的后置操作,并且能够考虑到未来可能需要添加或改进的功能。

6.1.5 划分需求优先级

(1)划分需求

需求调研和捕获完成后,我们会得到一系列零散的需求。为了能够更好地管理这些需求，我们需要对需求进行优先级划分，这种划分主要基于两个因素：约束限制和需求的动态性。

首先，在约束限制方面，某些需求可能受到明确的成本或者时间要求等约束条件的影响。

其次，在动态变化方面，企业的外部环境和内部环境随着时间推移可能发生变化，导致现阶段的一些需求在未来可能不再是真正有用的需求。

（2）划分方法

下面介绍几种确定需求优先级的方法。

一是从系统提供给使用方的业务功能或价值角度来衡量。

二是从利益攸关者维度去衡量，不同利益攸关者在系统开发过程中肯定具有不同的权重和影响力。例如，满足监管层的需求通常具有较高的优先级。

三是从安全和稳定性的角度去衡量，安全性和稳定性是任何系统最基本的要素，如果系统无法提供这两个因素，其他功能也将变得不可靠。

需求优先级的划分是需求捕获阶段的一个重要环节，通过以上几个方法，可以为我们划分优先级提供一些解决思路。

6.1.6 区分变与不变的需求

在确定需求的优先级之后，我们可以根据一定的规则来确定本次系统要实现的需求范围。

接下来，需要进一步识别出哪些需求是变化的，哪些是不变的。在这个过程中，有几个主要关注点。

一是不仅功能性需求可能发生变化，非功能性需求和约束条件同样可能会发生变化。因此，在识别变化时需要考虑所有类型的需求。

二是我们不仅要确定变化的表象，还需要分析出背后引发变化的根本原因，以及该变化发生的时间频率等。

三是需要将变化影响的范围和对上下游的影响梳理清楚，即形成一个完整的变化链路或网络，这样可以更好地了解某个特定需求变动对其他相关部分造成的影响。

四是分析可替代方案是否存在，并考虑是否有其他方案能够避免或应对这种变化。

通过以上关注点，在处理需求时能够更全面地考虑各种类型和方面可能产生的变动，并提前做出适当的应对。

6.1.7 输出需求说明书

最后一步是编写和输出需求说明书，需求的呈现形式大致分成两种，可以根据不同的系统类型选择适合的方式。

第一种方式是需求清单或需求矩阵，例如 ADMEMS 就是一种常用的二维需求矩阵，如表 6-1 所示。

表 6-1   ADMEMS 二维需求矩阵

需求类型	功能性需求	非功能性需求	约束条件
业务需求	按照优先级列举需求	按照优先级列举需求	列举约束条件
系统需求	按照优先级列举需求	按照优先级列举需求	列举约束条件
用户需求	按照优先级列举需求	按照优先级列举需求	列举约束条件

第二种方式是通过圆形来表达多维度需求，是笔者工作中常用的一种方法，对复杂系统的需求表达形式更直观一些。

经过本节介绍的 7 个步骤，我们就完成了需求捕获。注意，我们在需求捕获阶段得到的是业务需求和用户需求，经过后续架构设计阶段的分析，最终得到细化之后的系统需求。接下来将进入业务架构设计阶段。

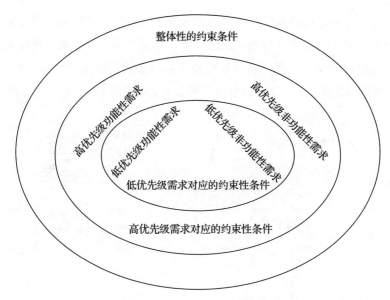

图 6-1 圆形多维度需求图

6.2 业务架构设计

业务架构设计指的是需求捕获之后对需求进行业务建模的过程，以便更好地指导后续的应用架构、数据架构和技术架构设计。业务架构设计对复杂系统的建设已经不可或缺。具体来说，依据企业战略，业务建模对捕获的需求进一步细化，从需求中分解出业务流程、业务实体和业务规则 3 个核心要素。在后面的设计中，应用架构主要是针对业务流程和业务规则来进一步展开，数据架构主要是针对业务实体来进一步展开，而技术架构则是针对应用架构和数据架构设计来进一步展开。

6.2.1 业务架构的前置步骤

在进行业务架构设计之前，还需要完成两个主要步骤。首先是通过分析需求明确系统的业务范围和边界，这时可以将系统想象成一个黑盒，确定用户是谁，要提供哪些功能，并了解系统与外部下上游之间的交互关系。这一步的输出可以通过上下文模型来体现，例如图 6-2 是一个简化版的电商系统上下文示意图。

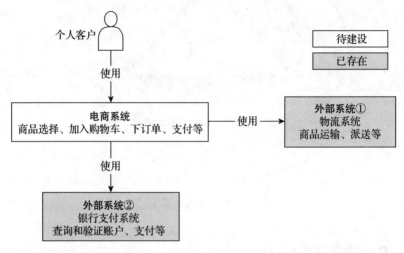

图 6-2　电商系统上下文示意图

完成第一步后，我们就知道了即将实现的系统范围是什么。接下来是可行性分析，这是架构师通常要做出的第一个主要架构决策，即确定在当前业务或技术等条件下是否能够完成该系统的实现。同时，即便可以实现，还需要评估实现该系统所需的成本和周期是否符合约束条件。

完成上述两个步骤之后，我们才能开始进行业务架构设计工作。

6.2.2　业务架构是什么

在很多资料中，业务架构被视为企业战略与技术实施之间的桥梁。这种观点没有问题，但是大家可能还是会对企业战略这个概念的理解有些模糊。本小节尽可能使用通俗易懂的语言来解释一下企业战略和业务架构。

对一个企业来说，最重要的是其提供的产品或服务能够为客户带来价值。以这个作为出发点，可以想象一下，企业对外提供的每一种产品或服务，在内部都有一条端到端连通的业务流程来进行支撑，我们可以把这条业务流程类比为信息的"高速公路"，每一类产品或服务都有自己相应的"高速公路"。

那么什么是企业战略呢？通俗来说，如果某个产品或服务销量好，企业就会投入更多资源，扩充相应的"高速公路"。或者企业认为当前产品或服务的市场潜力已经到顶，希望推出预期能够提供更大价值的产品或服务，相当于新建一条"高速公路"；或者企业认为某种产品或服务已经过气，需要拆除相应的"高速公路"。因此，企业战略就是企业依据对客户价值的分析，选择推出哪些产品或服务，从而也相应调整企业内部"高速公路"的策略。

接下来探讨一下业务架构是什么？直白来说，业务架构就是将企业的这种战略意图识别出来，并利用业务和技术都能理解的概念模型把这些意图表达出来，以指导后续软件系统的建设。在这个过程中，业务和技术人员需要共同参与完成，业务人员关注现实空间，技术人员关注虚拟空间。业务人员和技术人员在知识域、人员背景、业务理解等方面可能都存在着较大差异，需要依赖业务架构将现实空间和虚拟空间连接起来，让软件系统真正为企业战略提供整体性服务。

接下来进一步分析业务架构产生的原因。在信息化时代，系统建设需求主要来自某一部门或某一业务。而且此时企业还处于规模制造时代，企业战略调整相对较慢，这些需求通常局限在一个小范围内，并不需要调整业务架构。然而，进入数字化时代之后，企业受到客户个性化需求以及技术快速变革等因素影响，因此企业战略需要经常调整。并且，系统建设的需求往往涉及跨部门甚至跨组织的合作。此时，企业的软件系统建设就像一艘大船，行驶在激流之中，更加需要方向性的把控。而仅依靠企业战略无法直接指导软件系统建设，这时就需要借助业务架构。

简而言之，并非所有情况下都需要进行业务架构设计或者调整。对单纯属于某个部门或具有固定需求的系统来说，并不需要进行业务架构设计。只有涉及跨部门和跨组织的复杂多变的需求时，才能充分发挥业务架构的作用。

6.2.3　业务架构的核心关注点

业务架构是一个相对新的概念，在 2002 年被首次纳入 TOGAF 8 标准中。接下来将简单探讨一下业务架构设计的主要关注点。

首先，业务架构设计关注的是正确的问题，而不是寻找正确的答案。对于正确的问题，可通过以下几个方面进行思考：我们需要解决问题的范围是什么，这些问题与企业战略有何相关性，解决这些问题可以为客户带来哪些价值，它们在价值流中处于哪一个位置等。上述问题的思考是非常重要的，因为我们需要确保将资源投入到正确的地方。至于系统应该分成多少个应用以及如何建设等问题，则属于后续工作的考虑范畴。

其次，业务架构设计应当仅关注功能性需求。某些约束条件可能会影响功能性需求的实现，例如地域用户使用习惯等。但是，在这里我们暂且不关注约束条件。在业务架构设计阶段，我们不应过早思考非功能性需求的技术实现，如架构风格、高性能、高可用等，否则会分散注意力。此时，我们应当假设系统是一个大的单体架构即可。因为系统架构与功能是正交的，而非功能性需求则更多地会影响系统的架构设计。

最后，业务架构设计的关注视角必然是企业整体层面，而非部门或业务线层面。业务架构首先是自顶向下的产物，体现了企业战略中的思路和理念，而企业战略则必定是从整体性视角来制定的。因此，在处理业务架构时，必须关注全局视角。例如，在定义业务架构的价值流时应更多地考虑跨组织、跨部门的视角；在审视业务流程时要以端到端的视角进行；根据业务流程提取出来的业务能力也应首先从整个企业维度进行分析。

6.2.4　业务架构的理解误区

本节将简要介绍业务架构理解中存在的几个误区。

第一个误区是认为**业务架构无用论**。有些人可能会认为，在没有业务架构的时候企业的软件系统不也一直在建设，所以业务架构并不重要。然而，我们需要明确一点：每个新技术和方法的出现都有其背后的原因和适用场景。业务架构也是如此，它能够帮助企业更好地理解自身的战略、价值链和核心业务能力。因此，不能简单地因为某些情况下业务架构看起来不必要而否定整个领域。

第二个误区是**忽视了数据在业务架构中的重要性**。一些人认为数据相关的设计应该在数据架构阶段去考虑，而不是放在业务架构中讨论。事实上，在设计业务架构时就应该考虑与数据相关的问题。随着数据逐渐成为重要生产力因素，尽早将数据纳入考虑范围可以更全面地思考问题，并且如果条件允许，甚至可以将数据问题放在企业战略阶段进行讨论。此外，业务架构和数据架构并非割裂的两个阶段，而是相互关联、相互影响的过程。在实践中，我们需要不断切换视角，并通过相互验证来提升整体设计水平。

第三个误区是**将业务架构简单等同于线下业务流程梳理**。事实上，业务架构应该从企业整体性和对外提供价值的角度进行评估。它涉及组织结构、流程优化、技术支持等多方面因素，并且需要与企业战略紧密结合。通过设计有效的业务架构，企业能够更好地了解自身核心竞争力以及如何为客户创造价值。

6.2.5   业务架构的设计方法

业务架构的输入主要包括企业战略、需求说明书和系统上下文模型等。业务架构设计的过程主要是对业务进行建模。这里需要强调一下，建模过程中使用到的模型本身并没有明确的好坏和对错之分，模型的主要目标是能够把相应的意图清晰地表达出来即可。下面将介绍笔者认为比较有用的几个业务模型。

1. 价值模型

第一个模型是价值模型。由于业务架构承载了企业战略的实现思路，因此需要通过价值模型将这个价值链路呈现出来。目前，业界对价值模型有两种常用的表达方式：一种是价值链模型，另一种是价值流模型。

（1）价值链模型

下面以常见的波特价值链模型为例介绍价值链模型，它是由美国哈佛学院著名战略学家迈克尔·波特提出的一种"价值链分析法"，如图 6-3 所示。

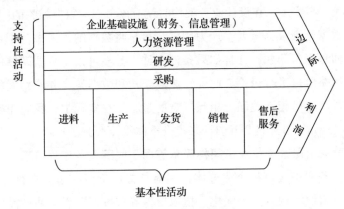

图 6-3   波特价值链模型

在波特价值链模型中，将企业的内外活动分为基本性活动和支持性活动，这些基本性活动和支持性活动共同构成了企业的价值链。

（2）价值流模型

价值流模型是功能模型的一种特例，用于体现对客户的价值的部分。举个例子，我们常用的 PDCA（计划、执行、检查、行动）实际上就是一种价值流模型。

可以说，我们将要介绍的价值模型是一种综合了价值链和价值流的模型。首先，我们需要对企业的产品或服务进行梳理，并根据企业内部定位将其区分为核心类和支撑类。接下来，针对每一类产品或服务，我们逐一绘制出相应的价值流图。因为在通常情况下，企业内每一类产品或服务都对应着一个独立的价值模型。

以资产管理类企业为例，投资管理服务属于核心类别，产品管理服务则属于支撑类别。在价值模型中，投资管理服务的价值流包括研究数据、投资组合和交易指令等环节；而产品管理服务的价值流包括研究产品、募集产品、投资产品、管理产品和退出产品等环节。因此，资产管理类企业的价值模型示意图如图 6-4 所示。

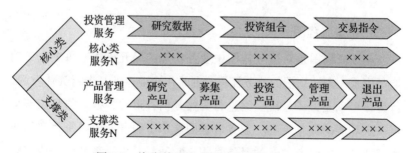

图 6-4 资产管理类企业的价值模型示意图

2. 服务蓝图

价值模型仅关注价值的流转过程。而服务蓝图将进一步展开价值模型，即考虑企业最终实现这个价值所需要的实体。这些实体可以包括人员、生产机器、工具和软件系统等，每个实体都需要提供相应的业务功能以实现这个价值。例如，以资产管理类企业的投资管理服务为例，其服务蓝图可参考图 6-5。

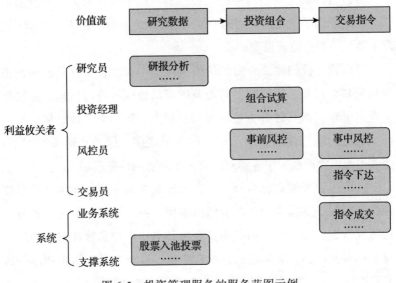

图 6-5　投资管理服务的服务蓝图示例

3. 业务流程图

业务流程图是对服务蓝图中业务功能的展开描述，每个业务功能对应着一个端到端的业务流程，通常由企业内的某个行为体发起，行为体可以是人或系统。无论行为体是何种形式，都必须是能够实现一定功能的完整流程。业务流程图展示了服务蓝图中每个实体所执行业务功能时所涉及的具体过程，它通常又由一系列任务或步骤组成。

此外，在绘制业务流程时，我们要同时梳理出相关的业务规则，这些规则对应着需求阶段中变化的需求部分，并指明了在何种条件下能够执行特定任务或动作。我们以投资管理服务的服务蓝图中的研报分析业务流程为例来介绍，该流程对应的业务流程图如图 6-6 所示。比如，流程图中的研报模板需要具备灵活的可配置性，这就相当于一条业务规则。

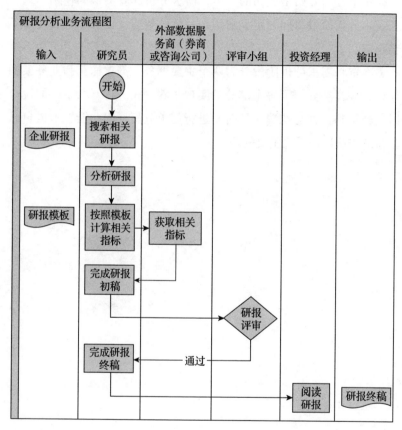

图 6-6　研报分析活动的业务流程图示例

4. 领域模型

在业务架构模型中，我们需要重点关注的是跨领域的模型。虽然 DDD 中也提到了领域模型，但它更多地指向限界上下文内，即微服务内部的模型。然而从企业战略角度来讲，跨领域模型往往具有更高的价值，我们将在第 7 章具体介绍。

6.3　本章小结

　　一个好的开始是成功的一半，需求分析起着类似的作用。只有在需求分析阶段将问题定义清楚，后续的架构设计和系统实现才不会跑偏。

　　本章将需求分析阶段分为两个主要部分：需求捕获和业务架构设计，并详细介绍了每个部分的实现步骤。在进行复杂系统的设计时，架构师往往会花费大量时间进行需求分析，因此能够形成自己独特的方法论是至关重要的。

第 7 章

架构设计

在业务人员和技术人员协同完成业务架构设计之后,架构师会负责进行具体的架构设计工作,这一过程主要包括应用架构设计、数据架构设计和技术架构设计。在进行应用架构和数据架构的设计时,需要以业务架构为指导,而技术架构主要是实现应用架构和数据架构的相关需求。

鉴于 DDD 方法论目前已在企业中被广泛应用,我们将针对 DDD 方法论进行详细的介绍。

此外,在完成应用架构、数据架构和技术架构的设计之后,架构设计工作就完成了吗?笔者将在最后 7.5 节来回答这个问题。

7.1 应用架构设计

本节将先介绍应用架构以及应用架构的核心关注点。然后,讨论应用拆分和整合的一些思路。最后,介绍应用架构中常见的理解误区以及应用架构设计的具体步骤。

业务架构建模环节明确了系统边界、功能或价值、系统参与的角色、业务实体和业务规则等信息。而应用架构设计则关注的是如何将该系统具体落地实现，在此过程中主要考虑的是应该拆分成多少个应用，以及应用之间如何交互来实现整个系统的功能。尽管很多定义将应用架构描述为应用功能布局和应用间的交互关系，但是应用架构的核心问题是应用拆分吗？我们后续会回答这个问题。

7.1.1   应用架构的核心关注点

我们下面通过经济产业链案例对应用架构、数据架构和技术架构的设计进行分析、类比，让读者更容易理解。

经济产业链是一个大家都熟知的概念，汽车、电脑、手机，甚至一支笔都是产业链作用下的结果。经济产业链本身是一个复杂的系统，也可以通过系统的结构模型进行分析。无论是业务架构、应用架构、数据架构还是技术架构，在经济产业链中都可以找到类似的对应关系。具体来说，业务架构设计相当于将产业链中的产业进行分类以及梳理每个分类下的产品；数据架构相当于梳理产业链中生产要素以及生产要素的分布、流转等；技术架构设计则对应运用基础技术，例如数学和通信等；而技术架构中的安全架构则扮演着安保的角色。

此外，应用架构在经济产业链中相当于产品或服务的生产体系。这个体系由国家和企业作为主要参与者共同合作，最终生产出产品或服务。图 7-1 简要列举了企业架构与经济产业链的对比。

应用架构所对应的产业链中的产品或服务生产体系有两个显著的特征。

一是极致的分工，整个产业链上下游涉及众多企业，每个企业都专注于自己领域的事务。另外，企业内部也形成了层次化的分工系统。

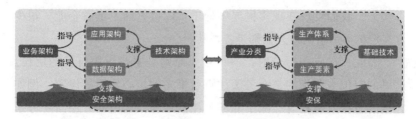

图 7-1 企业架构与经济产业链的对比

二是高效的协作。很少有一个国家或企业能够垄断整条供应链，如果分工主要解决了生产的效率问题，那么只有通过协作才能产出最终的产品。

从对产业链中产品或服务生产体系的分析可以看出，不论是分工还是协作都只是代表了体系中的一部分，它们构成的整体才能起作用，即通过架构的编排来实现整个体系的低成本和高效率，而分工和协作都是实现的手段。

所以仅有应用拆分或整合都不足以实现成功的应用架构设计。应用架构真正的核心应当是编排能力，而拆分和整合只是其中的手段而已。简单来说，应用架构的编排旨在实现各个应用的协同，最终实现低成本、高效率的软件系统落地。

7.1.2 应用拆分和整合的思路

应用如何拆分以及拆分后如何整合没有最佳的方案，下面仅探讨一些可能实现最佳效果的思路。

首先，探讨一下应用拆分的思路。以产业链中的企业作为类比，在现实世界中很少有企业管理一个产品的整个产业链上下游，即使这样做了，效率也可能不高。那么产业链中的企业是如何拆分的呢？每个企业都有其独特之处，这种特长可以是生产要素方面的优势，也可以是技术或业务创新上的优势，但本质上都秉持一个核心理念：企业需要专注于自身长处，并明确自己在产业链中的定位。

事实上，我们发现在现实世界中处于不同位置的上下游企业，很少存在定位不清晰的地方，都是各司其职。

因此，在应用拆分时，一个重要原则是明确应用自身的定位。这里的定位主要指的是业务关注点所带来的核心位置的设定，例如独享的数据或流程等。除了业务关注点之外，应用拆分还需要考虑技术关注点，如技术的生命周期、变更频率、弹性要求、高可用要求、安全要求、实时性要求等。在进行应用拆分时，一般应先考虑业务关注点，再考虑技术关注点。

接下来探讨一下应用整合的思路，下面提供 3 种应用整合思路供参考。

（1）交互维度

对上下游的应用来说，应当尽可能形成一条单向链路，而不是一个网状的交互结构。如果在应用整合时发现上下游应用交互关系复杂，很可能是由应用拆分不合理造成的。

（2）数据维度

在应用整合时应重点关注拆分带来的数据方面的影响。一种是数据分析方面的影响，即在分析阶段通过一个完整的实体或者将相关的实体进行关联处理。这种影响比较轻微，如果应用之间无法整合，也可以将数据集成到数据中心或中台来解决。另一种是实时数据处理方面的影响，即在实时交易过程中需要完整的实体或者关联的多个实体参与，这种影响可能会比较严重。因为应用在运行过程中需要从其他应用实时获取相关的数据，但数据已经分布在不同地方，这一定会造成数据可用性和一致性之间的冲突，导致系统复杂性和成本的提升。

（3）接口维度

一个应用的 API 的调用方数量很少或者通常需要与其他 API 组合才能提供相对完整的功能，此时应当考虑应用是否需要整合。

此外，应当注意应用拆分和整合实质上是相互关联、相互影响的。若拆分不恰当，则必然会影响整合的效果；同样，若整合不合理，则拆分效果也会打折扣。两者共同构成了应用编排规则，并通过适当拆分与整合来实现协同效果。

7.1.3 应用架构的理解误区

本节将简要介绍应用架构理解中存在的几个误区。

第一个误区**将应用架构用于单个应用中**。实际上，应用架构不是针对一个应用的架构，而是关注如何通过一个应用体系来实现业务架构目标。一个单独应用的架构可以称之为应用功能架构，里面包含了该应用的各个功能模块。因此，在应用架构图中，它的基本架构元素应该是一个应用。

第二个误区是**忽视了应用的拆分成本**。实际上，实施应用拆分涉及多种成本因素：一方面，网络通信的时间成本以及为了实现通信的容错性所带来的项目预算成本、维护成本等；另一方面，拆分之后带来的整合成本，尽管拆分容易，但整合更具挑战性。在现实工作中，我们发现许多系统被进行了零散的拆分，但在整合阶段会面临交互关系复杂的网状化的问题，并且随着时间推移，调整变得越发困难。因此，在编排层面上需要综合考虑拆分和整合，因为拆分是为了更好地进行整合，而整合也可以促进合理的拆分。

第三个误区是**忽略非功能性需求在应用架构设计中的重要性**。实际上，应用架构风格主要由非功能性需求决定，并不仅限于企业原有已使用的某种架构风格。因此，在进行应用架构设计时必须充分考虑非功能性需求的影响和约束条件，而不仅仅依赖于现有的企业架构风格。

7.1.4 应用架构的设计方法

应用架构设计的输入主要包括 3 个方面。一是来自业务架构建模输出的价值模型、服务蓝图、业务流程和实体模型等；二是业务规则；三是非功能性需求。

应用架构设计的过程可以分为以下 3 个步骤。

第一步，**将业务流程场景化**。在业务流程中，通常每个任务都是相当概括和抽象的。例如，在一个用户登录系统的业务流程中，可能存在一个用户认证的任务或动作。如果我们将其进一步进行场景化，用户认证可能包括用户名 / 密码认证、指纹认证、刷脸认证等多种方式。每个场景所需的实现方案可能各不相同，因此需要对业务流程进行更详细的场景化设计，通过这一步骤，可以确保主要需求不被遗漏。

第二步，**对应用进行迭代式的拆分和整合**，并绘制应用架构图和应用交互关系图。这一步有一个关键决策是选择适合的应用架构风格，例如单体架构、微服务架构或者微内核架构等。不同的架构风格对应用的拆分具有重要影响。

下面以一个简化的政务服务系统为例，简要介绍一下应用架构图和应用交互关系图的画法与注意事项。其中，应用架构的架构风格选择的是微服务架构，政务服务系统应用架构分层图如图 7-2 所示。

用户交互层	政务服务App	政务服务小程序	管理驾驶舱	外部系统
业务处理层	社保服务	健康码服务	好差评服务	微信支付
	生活缴费服务	旅游服务	……	网银支付
业务支撑层	统一认证中心	统一权限中心	统一事件中心	国家认证服务
	统一文档中心	统一搜索中心		
数据处理层	数据共享与交换	大数据分析平台		国家数据交换和共享平台
技术支撑层	PaaS云平台	DevOps平台	……	政务IaaS云

图 7-2   政务服务系统应用架构分层图

值得注意的主要有 3 个地方。

一是应用架构图中的元素的粒度都是应用或者微服务粒度，而并非功能模块粒度。每一个应用或微服务相当于一个部署单元。如果希望图中也体现出功能模块，可以在应用或微服务的元素框内进行添加，或者另外绘制一个针对某个应用的功能模块图。

二是在绘制应用架构图时，在同一层次上元素的粒度应该是相同的。比如，不能有些元素是应用组，有些元素是应用；有些元素是应用，而有些元素是功能模块。

三是在绘制应用架构图时，最好将外部系统也在图中体现出来，可以在侧边栏中单独呈现。注意，与它交互的应用应绘制在同一层次上。

我们以政府服务系统中的部分应用为例来介绍一下应用交互关系图绘制的注意事项，如图 7-3 所示。值得注意的地方主要有 3 个：一是系统内应用之间的交互以及系统与外部应用之间的交互都要体现出来；二是要体现出交互方式和交互数据；三是要注意交互的方向，通常只能是上层应用调用下层应用，最好不要出现同层应用之间的交互，更不能出现下层应用调用上层应用或跨层调用的情况。所以，通过应用交互关系图，我们也可以反过来验证应用拆分是否合理。

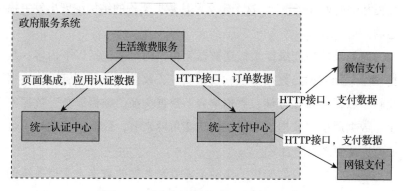

图 7-3　政务服务系统应用交互关系图

第三步，**应用产品化**。从产品化角度出发，在需求分析和梳理的基础上，提升产品的灵活配置能力，以避免在业务需求变更时频繁修改代码。可以通过设计可配置的参数、规则引擎或者插件机制等方式实现。这样一来，当业务需求发生变化时，我们只需要对相应的配置进行调整而不必修改代码，这种灵活性可以有效降低维护成本并提高开发效率。

通过上述步骤设计之后，应用架构的输出主要是应用分层架构图、应用交互关系图和产品化规则等。

7.2　数据架构设计

本节将先介绍数据架构以及数据架构的核心关注点，然后介绍数据架构中常见的理解误区以及数据架构设计的具体步骤。

7.2.1　数据架构是什么

在 TOGAF 9.2 标准中，对数据架构的定义如下："数据架构是一个组织内部和外部所需的信息资源的结构、分类和关系的描述。它包括了数据实体、数据属性以及它们之间的关系，还包括了与这些数据相关的处理逻辑"。这个定义是从数据架构的结构维度出发去描述的。

而如果从功能维度来描述数据架构，则可能包括以下内容：数据模型、元数据、数据标准、数据质量、数据生命周期管理、数据流转、数据分布和存储、数据集合、数据交换、数据服务、数据安全、数据脱敏、数据治理等。从功能角度来看，数据架构的概念也有着广泛而深入的含义。

总而言之，数据架构关注的是需要准备哪些数据来支持系统的落地实施。

以上从不同的视角对数据架构进行了概括性的介绍，然而这种介绍可能仍然偏理论化。接下来仍然使用产业链作为类比，进一步探讨数据架构关注的核心是什么。

7.2.2　数据架构的核心关注点

1. 流转或交换产生价值

数据架构中的数据可以被视为一种知识类型。数据本身的价值主要体现在流转和交换过程中。然而，数据的流转和交换本身是一个过程，在进入这个过程之前需要有一些前提条件，其中最关键的条件是确定选择哪些数据进行流转和交换，这其实是数据的编排问题。

所以，数据架构的核心是数据编排，数据的价值需要通过数据编排发挥出来，以实现业务架构目标，产生最大的业务价值。

因此，数据编排的第一个重要任务是为数据定义归属，即确定哪些数据属于哪个应用或系统。数据编排的第二个任务是确认数据应当如何流转和交换。

2. 数据的聚合效应

数据天生具有聚合倾向。较大粒度、更多量级的数据往往能发挥更大的作用。因此，在进行数据编排过程中，我们需要考虑数据的粒度和数量等问题，应该尽可能地将具有聚合效应的数据放在一起，即使在研发阶段无法完全集中处理，也要确保在数据归集时将它们存放到一起。实际上，数据归集也是数据编排的一个重要维度。

总之，数据架构的核心关注点是数据编排，数据编排又主要包括数据定义归属、数据流转或交换、数据归集等几个重要任务，而最终的目标是安全、准确、快速地获取数据。

7.2.3 数据架构的理解误区

本节将简要介绍数据架构理解中存在的两个误区。第一个误区是没有厘清数据架构和业务架构之间的关系。传统观点认为，业务架构是直接承载企业战略目标的，要从整体上对企业的业务能力进行规划。而业务能力为企业提供直接的业务价值。相比之下，数据架构还有应用架构，都是为业务能力的达成而服务的，数据是间接为企业提供业务价值的。因此，在传统的数据架构设计中，工作主要集中在数据建模、数据采集、数据处理、数据报表开发、数据仓库建设等方面。随着大数据和数据中台等的深入开展，数据逐步成为驱动要素，不仅可以直接提供业务价值，甚至可以驱动企业业务流程再造和业务转型。因此，数据架构设计也将逐步被赋予更大的内涵，更好的做法是数据架构设计要尽可能提前，可以在企业战略和业务架构建模阶段就进行规划和设计。目前，业界关于这方面的理论研究相对较少，读者在实践中可以多加思考。

第二个误区是认为数据架构是应用架构的附带设计，即根据应用架构设计的成果进行数据架构设计。这种理解其实也是相对片面的，无论是应用架构还是数据架构，它们的目的都是实现业务架构阶段规划的业务功能或价值。在这个共同目标下，二者的关系如下。首先，矛盾之处在于数据架构倾向于聚集数据以发挥更大的效应，而应用架构则倾向于分工，因为分工可以带来更大的效率。一个追求大而全，另一个追求小而美，二者天然存在着不同。因此，在应用编排和数据编排时，需要权衡这种矛盾。其次，二者的关联之处在于它们是相互影响。在进行应用拆分时，什么样的功能应该安排到一个应用里，其中数据聚类是一条非常重要的规则。目前，据笔者观察，许多人在应用拆分时仍然仅依靠业务流程中功能聚类这一规则。同样，在数据架构设计时，数据流转和交换都是基于应用中的数据进行设计的。所以说，两者相互影响，数据架构影响应用架构，应用架构也影响数据架构，在设计时需要兼顾双方。

7.2.4　数据架构的设计方法

数据架构设计的输入主要包括 3 个方面：一是来自业务架构建模输出的价值模型、服务蓝图、业务流程和实体模型等；二是来自应用架构设计输出的应用架构分层图、应用交互关系图等；三是非功能性需求。

数据架构设计的过程可主要分为以下 4 个步骤。

第一步，进行数据建模并确定数据归属，在这个过程中，我们将业务流程阶段的实体模型进一步细化，绘制出数据的 ER 模型。同时，明确每个数据的归属，即哪些部门或角色负责该数据，并为数据指定一个主应用。主应用类似该数据的管家，负责数据的全生命周期管理。

第二步，进行数据分布的设计，并可以以应用架构分层图为基础绘制数据分布视图。虽然主应用充当了数据的管家角色，但是主应用不一定包含数据的所有维度，有些维度可能以关联的方式修改其他应用。此外，很多数据需要设计副本，数据分布图也要体现出主副数据源的关系。图 7-4 为政务服务系统的数据分布视图，由于数据元素较多，图中只列举了部分主副数据分布。

第三步，进行数据流转的设计，并可以以应用架构分层图为基础绘制数据流转视图。通常可以根据企业内的业务场景、数据规模、实时性、安全性等制定不同的数据流转场景"模板"，例如联机数据流转架构、批量数据流转架构等，每种数据流转场景"模板"解决一类数据流转场景问题，通过建设统一的数据流转平台，尽可能保证数据的完整、安全、不延时等。数据流转图主要描述了应用之间的数据传输内容、传输方式、数据变换以及传输过程等细节信息，图 7-5 为政务服务系统的数据流转视图。

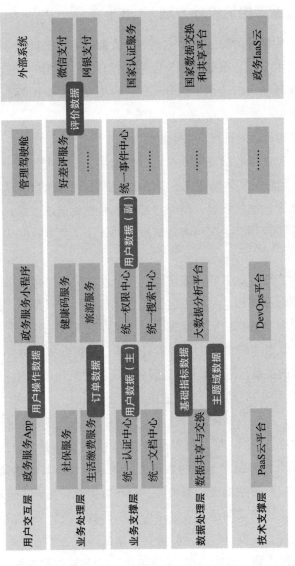

图 7-4　政务服务系统的数据分布视图

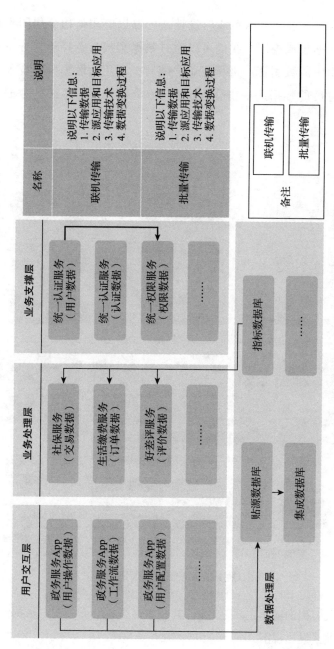

图 7-5 政务服务系统的数据流转视图

第四步，进行数据集成的设计，可以以应用架构分层图为基础绘制数据集成视图。我们可以通过数据集成有选择地将分布在各个应用中的数据资产进行汇总。随后，利用大数据分析技术对这些汇总后的数据进一步分析。图 7-6 为政务服务系统的数据集成视图。

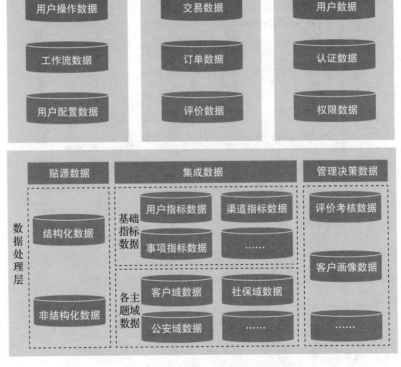

图 7-6　政务服务系统的数据集成视图

数据架构的输出主要是数据 ER 模型、数据分布视图、数据流转视图和数据集成视图。

7.3　技术架构设计

技术架构设计指的是为了实现应用架构和数据架构的需求，对技术进行规划设计的过程。本节将先介绍技术架构以及技术架构的核心关注点，然后介绍技术架构中常见的理解误区以及技术架构设计的具体步骤。

7.3.1　技术架构是什么

在 TOGAF 9.2 标准中，对技术架构的定义如下："技术架构是一个关于应用系统、数据和基础设施之间相互关系的描述。它包括了相关的硬件、软件、通信和网络基础设施，以及这些基础设施所支持的应用系统和数据"。这个定义与数据架构的类似，同样是从技术架构的结构维度出发去描述的。

如果从功能维度来描述技术架构，其范围非常广泛，很难仅通过简单的几个维度来完整地涵盖所有技术。为了提供一些参考，下面将给出一个简要展示技术架构的全景图，如图 7-7 所示。在该全景图中，将技术架构分为 3 个主要部分：理论和方法、落地能力以及性能优化。其中，落地能力可以进一步划分为系统架构落地能力和工程落地能力两类。

具体来说，理论和方法涵盖了架构模式、CAP、BASE 等方面的知识；系统架构落地能力将系统横向划分为接入层、业务处理层和数据层，并描述了每一层主要使用的技术；工程落地能力则从项目生命周期的角度出发，描述了开发阶段、测试阶段、运维与监控阶段以及 DevOps 中使用的技术。最后，性能优化则从代码、工具和系统 3 个层次列举了一些性能调优技术。

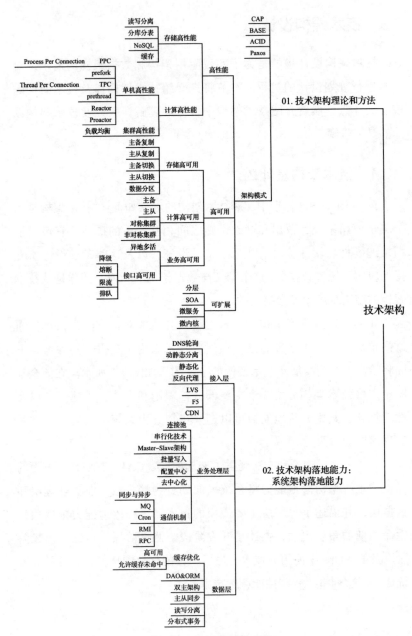

图 7-7　技术架构全景图

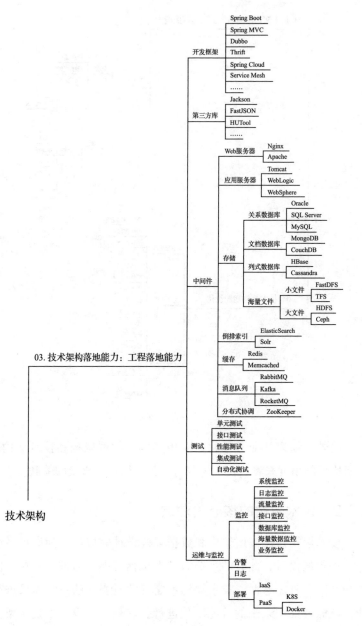

图 7-7（续）

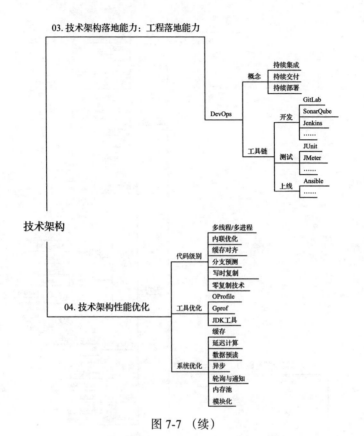

图 7-7 （续）

此外，如果从业务架构、应用架构、数据架构和技术架构这 4 个架构域的角度来看，技术架构与业务架构没有直接的关联。

7.3.2   技术架构的核心关注点

技术架构是在应用架构和数据架构设计完成后，为满足系统需求而进行的设计，此时的系统需求也包括功能性需求、非功能性需求和约束条件。然而，技术架构不能仅针对当前的系统需求进行设计，还需要面向未来的可能变化进行提前规划、设计。技术架构实际上是一种路线设计，其难点在于如何始终保持技术与当前业务的发展阶段相匹配。

因此，在技术架构设计时，最关注的可能并不是技术的自主性或卓越性等，而是以下几个方面：哪些是现阶段最为合适的技术、哪些技术需要外购、哪些技术可以使用开源方案，以及哪些技术需要自主掌控、哪些技术需要升级、哪些技术需要提前调研规划等。通过在整体层面对这些问题进行权衡和决策，企业可以在确保满足业务需求的同时，实现低成本、高效能。所以，这实际上也属于一种有关技术的编排。

7.3.3　技术架构的理解误区

本节将简要介绍技术架构理解中存在的几个误区。

第一个误区是认为技术实现的功能越多越好。拥有过多功能的技术产品可能会失去自身特长，在综合平衡下，各个方面变得都比较平庸。因此，在进行技术选型时，我们应该选择能够最好解决痛点需求的技术，避免盲目追求过多的功能。

第二个误区在于认为技术越新越好，越先进越好。这一观点可以通过购买商品的例子来加以说明。在购买商品时，虽然我们对优质商品各方面都非常满意，但出于经济等因素考虑，通常会选择满足需求并且价格适中的商品。同样，在技术选型中也应该遵循相似的原则：需要考虑成本收益比，即选择那些低成本且能满足需求的技术，而不是一味追求先进性，尽管在技术选型过程中可能无法直接感受到成本开销。

第三个误区是以技术为主的思维模式。例如，一旦掌握了 Redis、Kafka 或 Spring Cloud 等技术，就会从技术角度出发去寻找系统中的应用场景，并在项目中不管场景如何都要使用它们。在现实工作中，我们也经常遇到用户数量可能只有个位数或几十人，却大量使用中间件技术和分布式框架（比如 Spring Cloud）的情况，以至于造成大量的资源浪费。因此，在进行技术架构设计时，应该始终以需求为出发点，只有确实需要采用某项特定技术来满足需求时才应该使用它。

第四个误区是过于依赖场景来进行技术选型决策。例如，当我们遇到一个热点数据的场景时，很容易条件反射地想到使用缓存。这种场景考虑用这个技术是没有问题的。然而，仅仅考虑场景是不够的。打个比方，如果我们的系统只有少数用户使用，或者系统运行环境已经具备足够的内存资源，那么选择分布式缓存就没有必要了，一个轻量级本地缓存就能满足需求了。因此，在技术选型中需要进行权衡和评估，不要局限于场景等单一因素。

7.3.4　技术架构的设计方法

技术架构设计的输入主要包括 3 个方面。一是来自应用架构设计输出的应用架构分层图、应用交互关系图等。二是来自数据架构设计输出的数据 ER 模型、数据分布视图、数据流转视图和数据集成视图等。三是非功能性需求。

技术架构设计的过程主要分为以下 3 个步骤。

（1）技术选型

我们以非功能性需求为例介绍一下技术选型的方法。

首先，按照"需求→场景→目标→架构方案"的思路，对每项非功能性需求对应的场景、期待实现的目标和架构方案进行梳理。

其次，可以考虑以下几个问题来验证和完善第一步：如果不实现该非功能性需求时会有什么影响？是否存在替代方案？

最后，如果确实需要采用某个架构决策，则需要将之前已确定的系统架构与执行该决策后的系统架构绘制或描述出来，以清晰地展示架构决策前后架构的变化情况。

（2）绘制技术栈图

根据前一步的技术选型结果，以应用架构分层图为基础绘制技术栈图，这样可以清晰地展示每个层次上的应用所使用的具体技术。下面以政务服务系统的技术栈图为例讲解，如图7-8所示。同时，技术栈图也能帮助我们在整体层面审视技术选型的合理性。虽然许多应用架构都有分层结构，但各层之间往往存在关联性，比如通过请求执行的先后顺序串联起来。因此，我们需要进一步检查各个层次的技术组合是否能够满足应用架构和数据架构的需求。

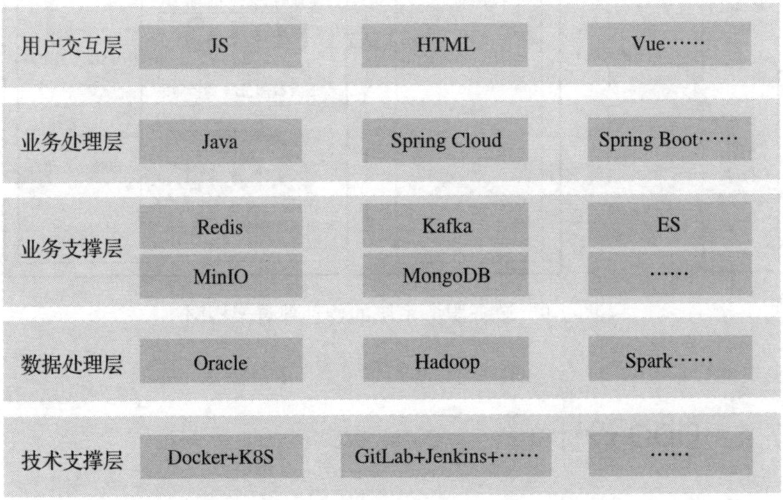

图7-8 政务服务系统的技术栈图

（3）绘制物理部署架构图

根据系统最终运行的环境信息，绘制物理部署架构图。注意，图中不仅要显示系统本身及其交互信息，还应尽可能全面地呈现环境的相关信息，例如网络区域、防火墙或网闸、WAF、运行平台等。这是为了事后能够更好地定位问题，因为问题的发生并非总是系统自身的原因，很可能与环境有关，掌握详尽的环境信息对问题排查和解决非常有帮助。图7-9为政务服务系统的物理部署架构图。

技术架构的输出主要是技术选型结果、技术栈图和部署架构图。

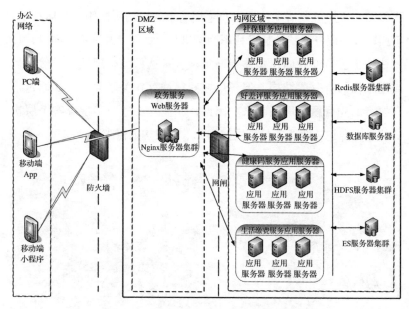

图 7-9　政务服务系统的物理部署架构图

7.4　DDD 设计

我们已经初步了解了架构落地过程中需求分析和架构设计阶段的方法。可以说，我们所介绍的方法主要基于 TOGAF，而 DDD 是另一套架构方法论。本节将详细介绍 DDD 方法论的相关内容。首先，我们将阐述 DDD 与面向对象的关系，笔者认为许多人觉得 DDD 难以掌握，很大原因是没有理解 DDD 与面向对象之间的关系。接着，将探讨 DDD 的本质、DDD 理论的不足。最后，介绍如何进行 DDD 战略设计和战术设计。

7.4.1　DDD 与面向对象的关系

第 2 章简单介绍过面向过程、面向对象和 DDD 之间的一些关系。本节将切换到另外一个视角，再深入探讨一下 DDD 与面向对象之间的关系。

在 DDD 中，确保设计和实现的模型的一致性是非常重要的。这种一致性要求模型能够直接指导代码的实现过程，而代码的改变又会影响模型。其中，模型是由建模范式决定的，而代码则是由编程范式决定的，两者之间的关系如图 7-10 所示。下面就从这个视角展开具体讨论。

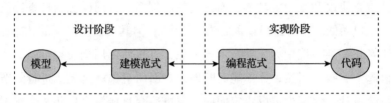

图 7-10　建模范式和编程范式的关系

首先，简单回顾一下主流的 3 种编程范式的演进过程。20 世纪 60 年代，在第一次软件危机中诞生了面向过程编程，它的基本单元是过程函数。随后，随着软件系统复杂性继续不断增加，面向过程编程无法解决可组合性和可扩展性等问题。这导致了第二次软件危机的出现，并推动了面向对象编程的发展，它的基本单元是类。另外一种重要的编程范式是函数式编程，其理论提出得比较早，但直到多核 CPU 和分布式计算技术出现后才开始引起广泛关注。函数式编程以函数作为其基本单元。

其中，过程式和对象式是主流，这两种范式之间的区别在第 2 章有过介绍。

如果希望 DDD 中的设计模型能直接指导代码实现，那么建模范式需要与编程范式保持一致。

例如，代码是使用面向过程方式实现的，那么在构建模型时也应该采用面向过程式的方式。虽然 DDD 声称可以适用于各种编程语言，但考虑到目前面向对象编程的普及性，大部分 DDD 材料中介绍的领域模型都采用了面向对象的方式。

那么，DDD 与面向对象之间究竟是一种什么样的关系呢？我们从面向对象方法存在的主要问题说起。在面向对象分析阶段，我们通常会通过用例图来梳理系统提供的功能，对简单系统而言，用例模型非常有用。但是当系统变得复杂时，用例模型可能会出现问题。以一个银行存款和贷款的简单示例说明一下，在存款用例图中，包括检查协议和账户等功能；而在贷款用例图中，同样包括检查协议和账户功能。尽管这里都称之为"协议"，但其内涵是不同的。这意味着在复杂系统中如果涉及不同领域，直接使用用例模型可能导致概念不一致。当然，并不能武断地判断面向对象就是无法进行复杂系统设计，但至少可以肯定面向对象更适合直接解决那些某一领域内没有概念歧义性的系统。

可以看出，在面向对象最具优势解决的部分，与之对应的正是DDD 中的战术设计阶段。在 DDD 战术设计阶段，已经明确定义了限界上下文（也就是通常所说的微服务的边界），并且在限界上下文内使用一致的描述语言消除了歧义。所以，DDD 战术设计阶段非常适合面向对象技术。而且，目前在绝大部分介绍 DDD 的书中，战术设计阶段的领域模型以及代码实现均是面向对象来驱动的。7.4.5 小节将继续讨论 DDD 战术设计阶段和面向对象方法之间的相似性与差异性。

事实上，DDD 与面向对象真正的不同之处在于 DDD 的战略设计阶段，而要解决的问题正好是面向对象在跨领域建模时可能面临的歧义问题。在 DDD 中，解决的办法就是如果概念存在歧义，那么就将它们划分为不同的领域。尽管系统很复杂，所有概念都没有交集，例如电商中的物流和购物之间似乎没有什么联系，这种情况下也可以使用 DDD 将它们拆分开来，将问题范围缩小，我们就可以通过多个团队分工解决。

总之，DDD 战术设计阶段和面向对象密切相关，而 DDD 的战略设计阶段的主要目标是进行领域和子领域拆分,以便拆分后得到的每个限界上下文可以更好地应用面向对象技术来实现。

7.4.2　DDD 的本质

在 DDD 中,涌现出了很多新的概念,例如领域、子领域、限界上下文、聚合、实体、值对象等。这些概念之间本质上存在包含的关系。每一个概念代表解决一类问题。例如,值对象只能解决对象属性层面的问题,实体可以解决对象完整生命周期的问题,聚合可以解决模块层面的问题,限界上下文则可以解决简单系统层面的所有问题。当系统复杂度进一步提升时,子领域和领域出现,对系统按照规则进行拆分,直到拆到限界上下文级别,可以使用面向对象进行处理为止。

所以说,DDD 的设计中包含了一种复杂系统处理的等级机制。无论系统有多么复杂,DDD 都具备相应的概念,以解决该复杂程度的问题。

为什么 DDD 随着微服务而兴起呢?因为微服务将大型系统拆分成小型系统,并可以进一步细化为更小的服务模块。DDD 所具备的拆分灵活性,让它可以适用于任意复杂度的系统,并因此与微服务一起被广泛应用。

因此,DDD 的本质就是通过一个灵活的等级机制来应对系统的复杂度,它可以根据需要将任何规模的系统拆分成适合处理的粒度。

7.4.3　DDD 方法存在的不足

1.2 节提到过 DDD 方法存在的 3 个缺点:一是重设计轻过程;二是重概念而轻规则;三是重现在而轻过往。本节切换一下视角,从企业级架构方法论的角度简要探讨 DDD 方法论的不足之处。

首先,企业架构方法论应当包含类似架构愿景的内容,通过它将企业架构与企业战略关联起来。然而,DDD 中没有包含类似的内容。

其次，企业架构方法论的核心应包括一个类似 TOGAF ADM 那样的架构开发方法。这类方法会提供一系列阶段、活动和任务说明，并为组织提供工具、模型、模式等的支持，以更好地实施企业架构。如果用这个标准来衡量 DDD，则可以看出 DDD 仅提供了一系列概念及对概念的解释，并未针对架构落地过程提供明确指导，也未提供相关工具、模型等。

最后，企业架构方法论应该包含与架构治理相关的内容，即如何管理设计好架构。然而，DDD 中也缺乏此方面的内容。

7.4.4   DDD 战略设计：领域和微服务如何划分

如前所述，DDD 战略设计阶段的主要目标是对复杂系统进行拆分，拆分的结果就是得到一些领域、子领域以及其内部的限界上下文。一旦达到限界上下文这个粒度，我们就可以使用面向对象方法来进行系统落地。

由于 DDD 书籍中未对战略设计给出具体的过程指导。因此，本节将结合 6.2 节中介绍的业务架构设计来探讨 DDD 的战略设计，并同时介绍领域、子领域和限界上下文的拆分规则。需要注意的是，并不存在一种普适性的拆分规则，尤其是对于复杂的业务，通常都具有一些典型的特殊性，因此，每个系统具体的拆分策略应该根据实际业务需求和技术需求来综合考虑。

DDD 战略设计的第一步也是绘制价值模型，该模型决定了领域和子领域的划分。在业务架构设计中，我们讲到要先对企业的产品或服务进行梳理，并为每一类产品或服务绘制相应的价值流图。通常情况下，每个产品或服务就代表了一个领域，而价值流图中的每个环节通常对应一个子领域。

对价值流中的环节进行划定（即子领域的拆分）时，通常有两种思路可供参考。

一种思路是按照部门职能来拆分，即将一个部门所提供的价值定义为一个子领域。通常情况下，子领域能够被拆分至少到部门级别，再往下粒度可能会过小。例如，将价值流按照研究、投资和交易等环节进行拆分，就属于按照部门职能拆分的方式。

第二种思路是按照业务流程来进行拆分。例如，在之前提到的产品管理服务中，就是根据不同流程阶段（研、募、投、管、退）对价值流进行拆分。

DDD 战略设计的第二步和第三步同样是绘制服务蓝图和业务流程图，这两步决定了微服务的拆分。7.1 节已经提到了微服务拆分的一些思路，这里不再赘述。

DDD 战略设计的第四步是绘制分层次的模型，包括跨领域模型、领域模型和应用模型，可以使用类图、数据实体图等来进行呈现，具体方法不再赘述。

DDD 战略设计的第五步也是进行应用架构、数据架构和技术架构的设计，与 7.1～7.3 节中所描述的方法基本一致。只不过，在应用架构方面，DDD 和传统微服务架构的风格有所不同，可包括两种类型，如图 7-11 和图 7-12 所示。

传统微服务架构通常会在纵向（技术）上进行分层，然后在横向（业务）上进行应用解耦，这种分层有利于重用。但是重用也存在缺点，即更高程度的耦合。因为它在纵向上往往是以交易请求的执行先后顺序串联起来的，这就造成了层与层之间的连锁反应，当变更一个层级的内容时，通常会引发其他层级同时变更。

相比之下，DDD 的架构风格追求业务的高度耦合而非重用。因此，DDD 架构会先进行横向（业务）解耦，形成独立的微服务。然后，在微服务内部可能有两种划分方法。一种划分方法是微服务内部不再进一步拆分，并将展示层、应用层、领域层和基础设施层都包含在一个微服务内部，如图 7-11 所示。

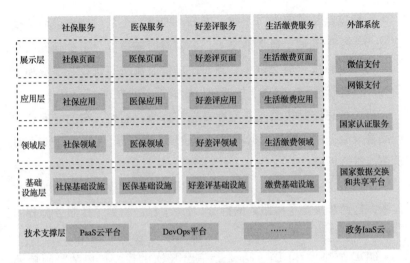

图 7-11   DDD 应用架构图（类型 1）

另一种划分方式则是仅进行前后端分离，主要由于前后端分离思想已经广泛运用，在这种划分方式下，前端放在一个独立应用中，而应用层、领域层和基础设施层则放在一个微服务中，如图 7-12 所示。

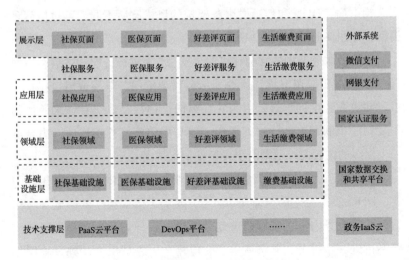

图 7-12   DDD 应用架构图（类型 2）

　　DDD 中提供的六边形架构或洋葱架构，其实采用的都是类似的思路，如图 7-13 和图 7-14 所示，这里不再展开叙述。

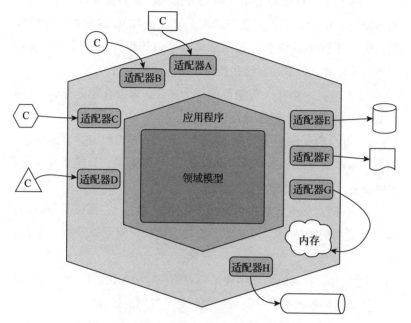

图 7-13　DDD 六边形架构示意图

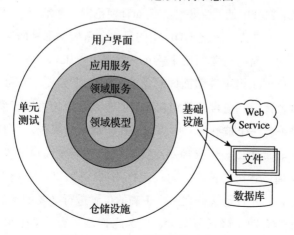

图 7-14　DDD 洋葱架构示意图

7.4.5 DDD 战术设计：创新还是新瓶装旧酒

实际上，一旦限界上下文被划分出来，我们就可以使用面向对象的分析、设计和实现方法来开发系统。在 DDD 的战术设计阶段，我们引入了许多新概念，其中最典型的包括聚合、聚合根、仓储、实体和值对象，以下是对这些概念含义的简要说明。

1）聚合：一组相关对象形成一个聚合，聚合在业务逻辑上具有内聚性，并作为一个整体进行处理。

2）聚合根：每个聚合都必须有一个唯一标识符，并且至少包含一个实体作为其根实体，即"聚合根"。从外部看，只能通过与该根实体交互才能对整个聚合进行修改。

3）仓储：负责管理持久化和检索聚合对象。它提供了与数据存储细节解耦的抽象层，并定义了添加、更新、删除以及查询等操作接口。

4）实体：在领域模型中表示具有唯一身份标识的核心业务对象。它们具备行为和状态，并且可以参与业务规则的运算。

5）值对象：不可变且没有唯一身份标识的轻量级对象。它们通常用于表示领域中的属性集合，例如日期范围、地址等。

从本质上来说，上述 DDD 中的每一个新概念都是面向对象的一种最佳实践。面向对象的历史悠久，并且由于 Java 等语言的广泛应用，大家早已积累了许多面向对象编程的最佳实践。实际上，DDD 这些新概念背后所蕴含的思想在面向对象编程中均可以找到。例如，面向对象中有一个被称为"中央控制点"的最佳实践，与 DDD 中的聚合概念非常相似。中央控制点提醒我们在编写代码时要关注"唯一一个正确位置"的原则，每段起作用的代码，应该只有一个地方可以看到它，并且也只能在一个正确的位置进行必要的维护性修改。这样做显然有助于降低复杂度，因为当你需要查找某个事物时，需要搜索的地方越少，修改起来更容易、更安全。此外，仓储模式其实就是依赖反转原则落地的一种实现方式。另外，在面向对象编程中也经常用到实体和值对象的思想。

本节不再对 DDD 战术设计阶段的概念展开介绍。有一点需要注意，在应用 DDD 时要避免从概念出发，将它们强行套入需求中，这是一种错误的用法。从根本上来说，DDD 是一种认知方式，就像面向对象是一种我们看待事物的认知方式一样。要理解概念对应的认知方式，在实际应用时，应始终以业务的需求为出发点，并判断是否适合使用 DDD 中的概念。如果适合，则可以使用；如果不适合，则不要勉强使用。我们也看到，DDD 也在不断补充一些新的概念和理论进来，因此在应用 DDD 时应当注意这一点。

7.5　架构设计的最后一站

至此，架构设计还没有完成，它还需要进行最后一个关键的步骤，即从整体维度再去审视这些设计。本节将重点介绍在整体维度应考虑哪些关键方面。

7.5.1　不忘初心，与业务目标对齐

在需求分析阶段，我们使用业务架构建模来描述企业希望软件系统要实现的价值或功能，而架构设计阶段则把这个系统的实现方式明确化。具体而言，通过应用架构设计确定需要哪些应用去协同工作，通过数据架构设计确定需要哪些数据，通过技术架构设计确定需要使用哪些技术。

因此，在最后一步的架构设计中要先考虑所设计的架构能否满足系统提供价值或功能的目标。这是系统开发所追求的最主要目标和前提之一。

我们知道，目标是分层次的。例如，在应用架构设计中，每一

个应用都有一个小目标，每个应用中的功能模块也都有更具体的目标。这里主要关注业务架构阶段的目标是否实现，因为业务架构直接承载着企业战略目标。

所以，在"业务目标对齐"这一步骤中，我们首先逐一确认业务架构建模阶段所创建的模型，包括价值模型、服务蓝图、业务流程和跨领域模型，以确认业务架构设计成果是否反映了企业战略思路。接下来，逐一确认应用架构、数据架构、技术架构设计阶段所得到的模型，并确定这些架构设计成果能否支持业务目标的达成。

7.5.2   能力和目标匹配

在企业战略和业务架构阶段确定的目标，可能与我们在进行架构设计时发现的能力不一致。

具体而言，一种情况是能力无法满足目标要求，或者能力在要求的限定条件下无法满足目标。在这种情况下，我们需要进一步分析是否有提升能力或将目标分阶段实现的方法等。

另一种情况是能力远超过目标，这种情形也是不合理的。我们需要进一步分析该目标是否为阶段性的目标，并且是否存在后续的目标。

最理想的情况是能力与目标大致相匹配，两者之间差距不大，在短期内通过努力可以达成匹配。在这种情况下，意味着企业对自身现状非常清楚，并且可以根据自身能力设定切实可行的目标。在现实世界竞争激烈的环境中，企业如果设定过于远大的目标，就容易出现冒进。然而，设定的目标太小，则会限制能力的充分发挥。这两种情况都是对企业重要资源的浪费，因此通过架构设计，能够对能力和目标进行衡量，并反馈给企业战略层是非常必要的。

7.5.3 平衡的重要性

在进行架构设计时，无论是应用架构、数据架构还是技术架构，我们大部分工作是在子系统和模块层面上进行设计的。然而，系统最终要运行起来，依赖的是所有子系统和模块之间的有序结合。在这种结合中，一个需要具备的主要特征是架构的平衡性。平衡的第一层含义是软件系统中子系统和模块等零部件之间的匹配程度。

我们以芯片制造为例来说明这一点。现在大家都知道芯片制造非常困难，但可能并不清楚为什么会如此困难。芯片制造包括晶圆生产、光刻、离子注入、蒸发沉积、清洗和检测等环节，大家可能都知道光刻环节做的事情，也就是光刻机在一个晶圆体上绘制出纳米级别的集成电路。然而，芯片制造的难度在于并非只有光刻这一个环节需要达到纳米级别，而是整个链路中所有环节所配套的设备都必须达到纳米级别才行，也就是说整体要求达到纳米级别，这就变得非常困难。

再来看与整体匹配程度相关的架构设计问题，也就是说，软件系统中的各个子系统、模块等零部件需要集体满足所允许的"精度"。举例来说，如果一个软件系统对高并发要求很高，那么其实是要求整个主链路中所有环节都必须符合高并发要求，不允许有短板存在，否则整体目标就无法实现。相反，如果一个软件系统只面向为数不多的用户使用，那么我们可能根本不需要考虑高并发的解决方案。

平衡的第二层含义是系统具备适应动态变化的能力。架构设计的基本目标之一是允许进行动态调整以适应需求的变化。这种变化中的平衡性可以分为两种类型。

一种是显性的平衡性，它指的是在面对业务需求变化、技术革新、监管政策等带来的需求改变时，要求架构设计在满足这些需求的基础上，同时注重平衡性；另一种则是隐性的平衡性，它指的是子系统或模块的需求已经相对固定，但随着用户数量增加或系统内部数据的积累，系统架构同样需要调整以适应这种变化。

上述两种平衡性，我们都应该加以关注。在进行架构设计时，我们不能只关注与特定需求相关的部分，而必须从系统的整体角度去权衡考虑。因为系统的成长往往是整体性的成长，而不仅仅是局部的成长。举例来说，人类自身成长的过程也可看到这一点，一个小孩子的成长总是全方位发展的，在个子长高的同时，心脏、大脑等器官总是在同步成长。因此，在处理变化中的系统时，我们一定要关注并实现动态平衡。

7.5.4　短期利益与长期利益的抉择

在架构设计中，系统就是在一个个架构决策中产生的。只要涉及架构决策，就会涉及各种矛盾冲突点，比如时间与成本的冲突、效率与时间的冲突、局部与整体的冲突、安全与便利的冲突、灵活与稳定的冲突等。其实，这些冲突都可以归结为短期利益和长期利益之间的抉择问题。

有时候在做一件事情时，为了短期目标的达成，我们采取的措施只是关注了矛盾的一个方面，并且对长远目标的影响不太容易立即体现出来。但是，随着时间的推移，这种措施对矛盾的另一方面的影响必然会逐渐浮出水面。举例来说，在架构设计时，有时如果只是追求处理时间缩短，可能实现了短期目标。然而，从长远来看，这种做法可能会带来空间问题。类似的是，如果过于追求系统的发散性，则长期来看很容易导致系统碎片化严重、内聚性不好等问题。同样，从长期来看，有时过度追求效率可能会导致成本飙升，过分追求安全容易造成用户体验差等后果。

因此，在进行架构设计时，应当注意识别出系统中的矛盾点，并从短期和长期利益的角度综合权衡考虑。这些矛盾点通常只是一个事物的正反面，过于偏重其中一方往往会导致另一方被忽视。最好寻找到一个平衡点，以确保既满足当前需求又符合未来发展要求。

此外，在进行架构设计时，我们要注意始终保持一个锚定的目标。我们必须清楚系统架构设计始终是为了实现企业战略和业务架构的目标。同时，要清楚当前所做的短期决策将会把我们带向何处，会给未来带来何种影响，这就要求我们根据远期目标有意识地预见可能遇到的问题，并尽量避免设置过多障碍以影响未来的系统演进。

7.5.5　架构的可追溯性

架构的可追溯性指在软件系统架构设计的过程中，能够清晰地追踪和记录架构设计、实现等各个阶段所做出的决策以及其背后的原因。可追溯性可以带来以下 4 种好处。

一是提高系统稳定性和可维护性，记录每一个决策和原因背景，在后期需要修改或者扩展时可以轻松回顾之前作出的选择，从而降低更改和维护成本。

二是促进团队内知识共享。可追溯性的落地往往需要建立一套标准化的配套机制，包括文档规范、公共存储等，这可使组织内不同架构师之间的信息传递和沟通变得简单易行，也可以为团队中新加入的架构师提供一份有价值的学习资源。

三是有助于团队内部形成相对统一的思想。这里的思想泛指的是架构设计的相关理念和方法，并且，不仅有助于架构师团队内达成一定共识，也有助于架构师团队和业务团队之间逐步形成更好的默契，这对企业架构保持一致性是很有帮助的。

四是帮助架构师尽可能简化设计。目前，在架构设计中，遇到的最大问题不是设计不出好的方案，而是存在太多过度设计的情况。因为架构设计并不是简单地线性叠加的过程。比如，无论是应用架构、数据架构还是技术架构，都需要进行非功能性需求的设计。在应用架构中，用户并发数等非功能性需求是我们选择架构风格的主要衡量因素；在数据架构中，数据规模和存储时间等非功能性需求也需要考虑；至于技术架构更不用多说，我们主要围绕高并发、高可用、可演进等非功能性需求来开展技术架构设计。然而，这个过程并不是"1+1+1=3"的过程，而是数据架构也会反过来影响应用架构时的设计决策，技术架构也会反过来影响数据架构的设计决策等。因此，架构设计是一个相互交叉影响的过程。如果有了架构追溯的机制，在进行新的决策时就比较容易对已做过的决策进行相应调整，否则很可能出现决策不断相加导致架构过度设计的情况。

因此，在架构设计过程中，确保架构的可追溯性是非常重要的。这意味着引入系统的架构风格、数据或技术中间件等决策都必须有明确的原因，我们需要清楚做出这些决策之前系统的现状和存在的痛点，以及通过什么样的架构方案解决了这些痛点，并且解决痛点之后系统发生了哪些变化。通过完整地跟踪这个过程，我们可以确保所进行的架构设计是有迹可循的，而不是随性设计的。

7.5.6　简化设计：只进行最低限度的设计

最后还要再强调一下，在架构设计时，我们只需要满足业务架构目标的最低限度设计即可，系统中的每个功能都应该与功能性需求和非功能性需求的架构决策相关联，其他多余的功能都应该被删除。

在实际情况中，许多系统是在已有系统基础上开发的。在这种情况下，也需要注意去除无关的功能。

上面提到的简化主要是指功能的简化，只需满足需求的最低限度功能即可。然而，有一个方面不能进行简化，那就是框架。如果系统有较大的可能在未来发展到某种程度，那么我们就应该根据这个远期目标先构建好框架，并确保后续的演进都在该框架内进行，而不是每次演进都需要重新推翻再来一次。

7.6 本章小结

如果将架构落地过程类比为建筑的过程，那么需求分析阶段需要明确要建什么，是办公大楼、酒店还是教堂等，而架构设计阶段就是确定整体风格、设计图纸、选取原材料等的过程。架构设计的核心在于"平衡"，或多或少都不妥当，就像建筑一样，如果只想建一个普通的宿舍，却使用了奢华酒店式装修和设计方案，即便最终能够居住也是不合适的。

本章详细介绍了应用架构、数据架构和技术架构的设计以及DDD 的设计思想。同时，我们也探讨了如何从整体视角来审视和完善架构设计方案。在程序员成长为架构师的过程中，有一个标准化的架构设计指导是很有帮助的。然而，在学习过程中，不能只关注实施的步骤，比如 DDD 中的战略阶段和战术阶段以及 TOGAF 中的ADM 方法等，也要深入理解每一项技术或方法背后的原理（本质）和能力边界等。应用架构、数据架构和技术架构的本质是一种编排机制，而 DDD 的本质则是一种用于处理复杂系统的等级机制，希望可以引发读者更多的思考。

CHAPTER 8

第 8 章

系统实现

本章将介绍架构落地方法中的第三阶段——系统实现。这一阶段的主要任务是将第 7 章中的系统架构设计落地实现。具体来说，系统实现阶段涉及的工作主要包括工程和包（模块）设计、API 设计、公共组件设计、数据设计、中间件设计、重要类设计等。相比需求分析和架构设计阶段，系统实现阶段的工作是相对确定的，它关注的主要是高质量地执行架构设计的要求。因此，本章将聚焦于高质量代码，并选取 4 个高质量代码的特性进行详细分析，这 4 个特性分别是分离性、复用性、防御性和一致性。

8.1 分离性

相比分离性，大家可能更熟悉编程中的解耦合，它对应的特性是耦合性。然而，耦合性只是侧重于功能模块之间的关系，分离性描述的范围则更广一些。本节先简要介绍分离性是什么，然后重点探讨代码中应该如何做好分离。

8.1.1 分离性是什么

耦合性可以分为数据耦合、特征耦合、控制耦合、外部耦合、公共耦合和内容耦合等类型，从这些类型中可以看出，耦合性主要指的是两个功能模块之间的不同形式的依赖关系，而解耦就是将这种依赖关系消除或者减轻其影响，从而让这些功能模块独立地进行开发、测试和维护。

相比解耦性，分离性的概念更加简单、直观，指的是代码中不同的部分应该相互分隔开，而不应该混在一起。那什么算是不同的部分？可以使用关注点来进行区分，比较常见的关注点有技术或业务、变化的速率、操作类型、生命周期等，当然也包括耦合性中的数据、特征、控制等。因此，分离性比耦合性的范围要更广一些。

我们通过几个现实生活中的简单例子来理解分离性。人们一般都喜欢整整齐齐的事物，比如将衣服、袜子、帽子和鞋子分开存放，甚至有些人会根据袜子颜色的不同再次进行分类。再比如，在电脑中创建文件夹时，我们通常会按照文档、音乐、视频等类型来区分不同的资料。通过这种简单的分离行为，我们可以让事物更加有序，并让后续的操作变得更加容易。

在代码中，分离性起到了类似的作用。分离性主要是基于人类自身对有序事物的需求而设计的，而不是计算机的需求，因为对计算机来说，什么事物都是 0 和 1 的组合。具体来说，当我们将代码中不同的部分有序地区分开后，可以避免在后续修改或交接给他人时出现混乱。这也比较容易理解，就像如果将衣服、袜子和帽子随意扔在一起，每次找起来都会很困难一样，易引发混乱。

可以说，分离性是实现高质量代码的最基本要求。接下来看一下代码中都存在哪些分离性。

8.1.2　代码中的分离性

接下来逐一讨论代码中哪些部分应该进行分离，以及它们被分离的原因和一些主要的解决思路。

1. 业务和技术的分离

其中，技术又可以分为硬件的技术和软件的技术等，但无论是哪种技术，都应该与业务隔离开来，原因主要有以下两点。

首先，两者的定位不同，技术通常是为了服务业务而存在的，而业务的服务对象则通常是客户；其次，两者在领域和生命周期上也存在着明显差异。有时，为了满足业务需要，技术需要频繁变更甚至需要支持多种不同的技术；而在另一些场景下，情况刚好相反，业务需要一直快速变化，但是使用的技术则不需要变动。

因此，业务和技术往往处于不同的轨道上，应当将两者进行分离，分离的实现思路主要有以下两种。

一是**代码分离**。两者的代码应该泾渭分明，不应该放在一起。两者之间如有交互，那么交互时也应该充分封装好，将交互限制到最低限度。

二是**依赖分离**。除了对代码进行简单的分离之外，还要确保业务不能依赖某项具体的技术，以便在技术被替换的情况下不影响业务，这通常可以通过依赖反转来实现，如图 8-1 所示。在依赖反转之前，调用流和依赖流均为从业务到技术方向。在这种情况下，如果技术发生了变化，则业务需要进行相应的调整。然而，我们可以在保持调用流不变的情况下反转依赖流。在完成这种反转后，即便技术被替换掉，业务也不需要进行任何修改。

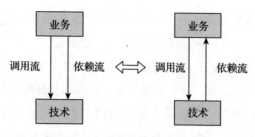

图 8-1 业务和技术的依赖关系

2. 业务核心部分和非核心部分的分离

每个系统都有其核心部分，这是系统存在的根基。同样，每个系统也会有大量的非核心部分，主要起支撑或辅助作用。核心部分和非核心部分在很多关注点上有较大的差异。例如，以变化速率这个关注点来说，核心部分通常更稳定一些，而非核心部分则更灵活一些。因此，系统应该将业务核心部分与非核心部分进行分离，分离的具体思路有以下三种。

1）**模型分离**。我们通常会对系统的核心部分进行建模，并将模型作为架构资产进行存储和保鲜。通过模型将核心部分从一个混沌的整体中剥离出来，后续修改时会更加方便。

2）**模块分离**。通常应该将核心部分作为一个独立模块来实现，以便后续可以独立地演进它。此外，应当限制模块的开放性，对外部只暴露必要的接口，并阻断对其他未开放内容的访问。

3）**依赖分离**。可以通过依赖反转原则进行设计，前面有介绍，这里不再赘述。

3. 变化和不变化部分的分离

无论业务核心代码、非核心代码还是技术类代码，如果进一步细分，都可以划分为**实体、规则**和**事件**三个部分。

例如，在面向对象语言中，实体指的是对象或数据，规则指的是代码中的条件语句（如 if、else、while 等），而事件指的是代码要执行的功能。其中，规则和数据属于经常变化的部分，而实体和功能则相对稳定。因此，应该将规则和数据分离出来。

先来看规则方面，它又大致分为业务规则和技术规则。

首先，业务规则是业务人员使用的，在系统运行过程中由业务人员动态调整。比较常见的分离思路是建立专为业务人员使用的参数管理中心。

其次，技术规则是技术人员使用的，比如数据库的用户名和密码的管理、第三方访问地址和线程处理数量的设置等。通常情况下，这些规则可以存放在配置文件或配置中心。

再来看数据方面：原则上，一般输入数据要通过对外暴露的参数进行传递；代码执行过程中用到的一些魔法值数据最好单独存放在一个专门的文件中，与其他代码分开。

4. 非功能性需求影响不同的部分分离

非功能性需求影响不同的部分相分离的情况也比较常见。举个例子，在一个高并发系统中，往往并不是所有的功能链路都需要具备高并发能力。在秒杀活动中，购物功能需要秒杀技术支持，而物流并不需要。

这种分离主要是出于两种考虑。一是出于成本考虑，因为实现非功能性需求往往成本很高。在这种情况下，我们应尽可能将需要非功能性需求的部分与其他部分进行分离，以便将实现需求的范围尽量限制在最小的边界内；二是出于稳定性考虑，分离之后即使其中一部分出现问题，功能之间也不会因为绑定在一起而出现连锁反应。

5. 不同操作类型的代码分离

在 DDD 中，有一个最佳实践是将查询和命令语句分离。这种设计主要出于以下原因。

首先，通过明确区分读操作和写操作，可以避免误操作的发生。另外，将查询和修改语句分开能更清晰地表达代码意图，提升代码的可读性。

其次，查询和修改语句的执行频率往往相差很大，并且对系统资源的需求也不一样。将这两类语句分离可以使它们相互独立，互不影响，从而提升系统的稳定性。

将这个思路进一步扩展，我们还可以将消息模式进一步细分为请求 / 响应模式、即发即忘模式和发布 / 订阅模式等，通过将每种模式进行适当的分离，可以使代码更加清晰易懂。

6. 角色不同的代码分离

将不同角色的代码进行分离也是一种常见的做法，例如消费者和生产者、客户端和服务端、接口与实现等。在这种情况下，它们之间只是通过契约（或接口）进行关联，并且只要遵守契约规定的条件，任何一方都可以根据自身需求进行决策。

这种分离方式带来了许多好处。

一是可扩展性，由于角色之间松耦合，当需要新增一个消费者、客户端或接口时，可以轻松地扩展系统功能而无须修改其他部分的代码，这为应对新需求提供了更大的灵活性。

二是跨平台支持，通过将角色分离并定义统一的契约，不同开发团队可以选择适合自己的技术栈和平台，这样能够更好地满足各个团队或平台所需。

三是易于测试，由于每个角色都有明确定义的职责和依赖契约，因此可以针对单个角色编写独立的测试用例，并使用模拟对象轻松替代其他相关组件以进行集成测试，这样有助于提高测试的可靠性和效率。

7. 面向切面的关注点分离

面向切面的关注点分离方式也很常见，在面向对象编程中，我们通常关注业务逻辑的实现。但是，每个类中也会存在一些通用的技术类需求，比如日志记录、认证与授权、监控、错误处理、消息验证等。

如果使用传统的面向对象方式处理这些需求，就必须在每个相关类中重复添加相应的代码，这就导致代码冗余且后续难以维护。而面向切面通过将这些横切关注点抽象成独立模块，并与原始代码分离，只在运行时动态地将其引入目标对象中，就可以使得关注点功能和业务逻辑相互独立，互不影响。

在面向切面的解决方案中，分离出来的代码尚处于同一进程中。服务网格引入的边车模式（Side Car）进一步推动了关注点分离思想的应用。在边车模式下，关注点代码被部署为一个单独的进程或容器，并与业务逻辑代码处于不同的执行环境。通过将关注点功能从主应用程序中分离出来，可以获得更大的灵活性和可扩展性。

8. 不同属性的分离

实体或对象都有很多不同的属性，但是这些属性之间也有差异。例如，业界有一种划分属性的方法，将属性划分为本质属性和偶然属性。其中，本质属性指的是实体或对象，一旦创建就无法更改或删除，是不可或缺的。例如，在人类这个实体中，意识、体验和智慧都是本质属性。

而偶然属性则表示那些可以随时间变化，并且不会影响实体本质的特征。比如说人的年龄和身高就属于偶然属性，会随着时间的推移而发生变化，但并不会改变人类这一实体所具有的基本特性。

将本质属性和偶然属性分离，我们能够更好地建立数据模型，降低复杂度。

9. 同一层级或者维度的代码分离

在上述分离场景中，分离的双方一定处于同一个层级或者维度上。如果两者处于不同的层次或维度，分离就没有意义。例如，进程只能和进程分离，进程和线程分离就没有意义。

8.1.3 分离性的落地实践

在具体代码实现过程中，分离性的实践有两种：一种是逻辑上的分离，另一种是物理上的分离。通常上，逻辑上的分离是指分离的双方还处于同一运行实体内，而物理上的分离则更进一步，两者在运行时也完全分开。

在实践中，逻辑上的分离通常是必需且重要的，它有助于解耦功能模块，降低代码复杂度，提高可读性、可扩展性和可维护性等。至于是否进行物理上的分离，则需要根据具体情况进行权衡与决策。无论选择哪种方式，都应该以需求为导向，并充分考虑成本、周期、非功能性需求等因素。

8.2 复用性

作为程序员，我们都非常熟悉"复用"这个词。复用的程度一直都被认为是评估高质量代码的重要维度之一，甚至可以说复用已经被刻入每位程序员的"基因"中。本节先讨论复用的概念，接着探讨复用的层次，最后讨论复用存在的问题以及中台建设的难点。

8.2.1 复用性是什么

从字面意义上说，复用就是"再次使用"，即利用已有的事物来实现新的目标或任务，而不必重新建设。复用带来的好处很明显——以更高的效率来完成任务。说到高效率工作，我们很容易联想到人类自身。从几百万前的智人开始发展到现在，人类自身的工作效率已经提升了许多倍，而这一切都得益于人类对工具的运用。那么，我们就从这个案例出发，来探究一下复用的内在含义。

人的能力主要分为两种：身体能力和认知能力。身体能力让我们能跑、能跳、能写代码；而认知能力让我们能够通过一个完美的公式把天体的运动描述清楚，或者看到美丽的风景就会感到心情愉悦等，这一切都源自人类大脑内部的"算法"让我们能思考、能感受、能归纳等。

人类发明的各类工具基本上也是从这两个方向延伸而来的。其中一些工具帮助我们省去了一些繁重的体力劳动；其他一些则可以通过智能化代替我们的一部分决策活动，或是辅助我们进行决策等。然而，不管怎么说，工具都可以被视为将人类的某些能力进行"分离"和"下沉"。有了这些工具之后，人类才能不断地从体力劳动和部分认知活动中解放出来，专注于自身更擅长的领域。

同样，在软件系统中，复用的原理也是一样的。我们可以将系统中的某些功能"分离""沉淀"下来，以便架构师和程序员有更多时间思考更重要的事情。就像人类拥有了许多工具后，生活变得丰富多彩一样。并且，这两者之间还是一种相互促进的关系，工具越多，生活越丰富，从而也会促进开发出更多的新工具。

同样，软件系统的"复用"能力提升之后，上层应用程序也会变得更加丰富，从而又促进开发出更好的系统。

8.2.2　从程序员角度看复用的层次

自软件系统出现以来，复用的形态也经历了非常大的变化。接下来从复用的演进路径总结出两条主线来介绍复用在不同阶段的发展情况。

1. 技术类复用

系统的代码其实是"业务＋技术"的二元组。虽然业务因为领域的不同而各有差异，但技术往往是通用的。因此，这条主线的目标是识别并抽象出技术部分，并实现为可复用的能力。例如，对公共函数、类、组件包、开发框架、架构模式以及平台的使用都属于技术类复用。

在技术类复用的演进中，我们可以观察到两个典型特征。

一是复用从单点向体系化发展。在过去，复用基本上只针对某个单一功能。然而，随后出现的各类平台，都更倾向于提供体系化的复用解决方案。举例来说，Spring Cloud 作为一个分布式平台，提供了整套微服务的解决方案；PaaS 平台则提供了从打包、镜像包管理、环境部署到运行监控等全流程的解决方案；DevOps 平台提供了端到端的需求管理、研发、测试、运维的一体化解决方案。

二是复用的侵入性逐渐降低。举一个比较典型的例子，在 Spring Cloud 中，我们的代码需要与解决方案提供的资源耦合在一起。而在服务网格技术中，相关功能已完全下沉到底层平台。此外，还有微前端、统一配置中心和移动端动态注入等技术的发展，都朝着侵入性小甚至零侵入的方向发展。

2. 业务类复用

不同领域的知识之间差异较大，很难进行复用。然而，在同一个领域内，存在着一定的复用空间。事实上，我们一直在探索如何实现业务复用。例如，DDD 提出的针对特定场景的通用解决方案，以及 SOA、微服务、中台，都是关于业务类复用的探索。

在业务类复用的演进中，我们也可以观察到两个明显特征。

一是业务复用的广度正在扩大。原来一些业务模式的复用，都是针对特定的业务场景提出的通用解决方案，属于局部层面的复用。

而在 SOA 和微服务时代，开始出现了为一个特定业务领域提供解决方案的情况，这时业务的复用已经扩大到模块和子系统层面。进入中台时代后，复用的范围进一步扩大，中台通常涉及跨越多个业务领域的通用解决方案。

二是业务复用在深度上有所延伸。这种深度的延伸主要源于两个因素。一是领域模型的推广，让我们对业务的理解逐步加深。二是由于对业务架构的重视和发展，让我们能够从企业整体的维度去思考业务的内涵和发展。所有这些因素都促进了业务复用在深度上的延伸。

8.2.3　复用是银弹吗

复用无疑是一种提升效率的工具，但是复用是银弹吗？下面探讨复用可能带来的问题。

首先，**复用本身是一种结果，复用本身是否合理没有明确的标准**。例如，在一个复杂的系统中，哪些业务应该进行复用、哪些不应该进行复用，每位架构师的判断可能都不一样。我们再以汽车生产为例来进行比较，即使是汽车这种分工良好的产品，每个品类的汽车的零部件也是不相同的。例如，通常情况下，一辆汽车大约有 2 万个零部件，某些品牌（如宝马等）可能会达到 3 万多个。此外，随着技术的不断发展，即便是同一个品牌同款型号的汽车也存在零部件的差异。因此可以看出，复用是有前提的，即我们对系统的认知程度，而这种认知又决定了我们将一个庞大、复杂的系统拆分成多少零部件。所以，并没有一个绝对标准来评估复用的好坏，复用程度更多地源自我们对系统的认知水平，并且可能随着时间变化而动态变化。

其次，**复用可能带来一些副作用**。例如，复用会导致链路的增长，这种增长会带来一系列的负面效应，如响应时间延长、通信成本增加等。此外，由于复用通常会服务于多个业务，在某个业务或复用部分出现问题时，可能会引发连锁反应。因此，在考虑进行复用时，需要同时考虑这些副作用带来的影响。

8.2.4　中台的难点

本小节从复用的角度，简单探讨一下中台建设的一些问题。

首先，来看一下中台建设的主要难点在哪里。从职责上看，中台服务的是企业的多个前台。中台的这种复用性决定了中台本质上追求的是稳定性和统一性。而相比中台，前台的本质却是追求创新驱动和个性化。这种根本上的矛盾导致了两者之间难以长时间维持平衡，如果前台做得多了，那么中台就会变得和技术平台差不多。反之，如果中台做得多了，那么中台就必须考虑个性化需求，慢慢就会趋于前台。总而言之，这样两种相互背离的力量很难达到长期、稳定的平衡状态，就像拔河比赛中参与角逐的力量一样，即使偶尔达到平衡状态，也只是短暂的，总有一方的力量慢慢超过另一方。

其次，探讨一下关于中台建设路径的问题。尽管目前有业务架构建模等方法，但是就一定能保证构建出好的中台吗？可能比较难，除非企业的业务相对成熟且战略调整的幅度较小。如果企业战略本身存在较大变化，则通过业务架构建模所生成的模型也会随之改变，而中台的目标就是能够洞察出这种变化背后的本质，并以自身的不变来支撑这种变化带来的需求。然而，在初期就获得这种提前洞察的能力是非常困难的。虽然业务本身可能存在某些本质上不变的东西，但这种本质的寻找通常需要在一系列的变化过程中逐步获得，很难在变化初期就完全把握。因此，中台建设应该是逐步演化的过程，并要在中途不断调整和优化，希望通过业务建模或一次性的方案设计来完成中台建设是非常难的。

8.3 防御性

我们生活在一个充满不确定性的世界中，防御性的出现就是为了更好地应对这种不确定性。本节探讨防御性话题，包括防御性的概念、防御性最常使用的地方以及如何进行防御性编程等内容。

8.3.1 防御性是什么

为什么存在不确定性？简单来说，不确定性源于我们对复杂系统的无知。不论我们通过哪些维度观察它，或者通过哪些模型描述它，都无法完全覆盖系统的所有方面，而我们通常没有办法了解事物的全部。

类似地，软件系统也是运行在一个充满不确定性的世界中，并且其本身也充满着很多不确定性。作为程序员，我们深刻体会到Bug带来的影响。不管前期规划多么完美、架构设计多么合理、详细设计多么到位、人工和自动化测试多么全面，在上线后仍然会产生很多Bug。实际上，这些Bug就是不确定性事件。

简而言之，防御性的作用就是使我们认识到系统运行中存在的不确定性，并在发生意外事件时尽量将其影响降至最低。

8.3.2 冲突发生的地方：边界

什么地方最容易出现问题？那就是边界。

边界的冲突不分空间、物种、类型。只要存在实在的或虚拟的边界，就可能发生冲突。那么在现实世界中可以采取哪些方法来防范边界的冲突呢？

第一种方法是在边界上进行阻断，将双方完全隔离。比如我国古代修建的长城、雅典时期修建的石墙等。同样，建筑物也会在不同的功能区域之间设置隔离带，以便起到防水、防火等作用。

第二种方法是双方制定协议，比如规定何时、何种情况下双方不能因为边界上发生的事情发生冲突。至今，协议已成为国与国、企业与企业以及人与人之间常见的约定手段。

第三种方法是寻求第三方仲裁。当冲突的双方通过谈判或战争无法解决问题时，可以寻求第三方来解决争端。

8.3.3 防御性编程的思路

在编程中，最容易出现问题的地方也是边界，而且现实世界中解决冲突的思路同样适用于程序开发。但是程序是一种"软"的边界，处理起来会更加灵活。接下来具体介绍 6 种处理程序边界问题的方法。

1）**身份认证**，类似于边界隔离的方法。既然边界这么容易发生冲突，那么可以在经过同意的情况下才进行访问，而其他未经同意的请求一律拒绝。这种方式在编程中非常常见，比如要求对方携带令牌、会话 ID 或者签名等，都属于身份认证的一种手段。

2）**最小知识法则**。这实际是边界隔离方法的一种延伸，它允许调用方进入系统内部，但只给调用方提供最小、够用的授权。例如，在面向对象编程中，封装原则强调只将应该对外暴露的内容公开，其他内容的读写只能在内部进行。此外，在编程中经常遇到菜单权限、数据权限控制等情况，这些都属于最小知识法则的应用。

3）**契约式编程**，类似于 8.3.2 节讨论的协议方法，通常用于调用者和被调用者之间的接口调用或函数调用等场景。以接口为例来说明，调用方和被调用方通常都希望能够一次性得到预期结果，以实现最大的协同效应。但在没有契约的情况下，调用方如果传入一个非法值或者获得一个意外结果，本次访问就是无效的，是对资源的一种浪费。因此，契约式编程的目的就是通过依赖约定，力争双方能一次性成功。即便不成功，也要及时止损，并明确告知对方如何处理。一般而言，一份良好的契约至少应该包括前置条件和后置条件。

- 前置条件：对输入参数的要求，也是对调用方的要求。约定如果不满足前置条件，则被调用方验证失败后将采取何种处理方式，可能直接中断返回失败，也可能约定使用一个默认值等。

- 后置条件：对输出结果的约定，也是对被调用方的要求。约定返回的结果应该符合某种特定格式，具备哪些字段以及每个字段的合理取值范围。即便是在中间处理过程中失败，也需要明确告知对方哪些取值代表失败状态，并向调用方解释失败的原因等。

4）**仲裁机制**，类似于 8.3.2 节提到的第三方仲裁机制。在软件系统中，这种机制也比较常见。有时候某个节点或服务可能无法自行察觉到自身出现了问题，因此可以引入一个第三方来监测该节点或服务的状态。一旦发现问题，就可以采取重启方式进行恢复或者让其他节点或服务接管。例如，负载均衡就是一个仲裁机制，当下游的某个节点出现问题时，不会再给该节点发送请求。又如，Redis、RabbitMQ 等中间件在集群模式下通常会包含一个仲裁程序，它了解集群中所有节点的状态，当一个节点出现问题后，会立即将其替换为其他可用节点。

5）**通信中的问题解决思路**。通信问题通常不会由契约导致，而是由于其他中间基础设施等出现问题，如网络、磁盘 I/O 等，或者由于大量的参与者聚集导致并发性问题等。在面对这些超出契约范围的未知错误时，调用方可以考虑选择以下策略。

- 重发：如果调用方没有收到结果，或者结果不符合契约要求，调用方可以选择重新发送请求。

- 熔断、限流和降级：如果调用方的请求数量超过一定阈值，被调用方可以采取熔断、限流、降级等措施来保护自身。

- 超时：如果被调用方响应时间过长，请求方可以设置一个适当的超时时间，并在超过该时间后终止该请求。

6）**资源处理问题**。在代码中，我们常常需要考虑各种资源，包括 CPU、内存、磁盘、缓存等。在考虑这些资源时，有一个非常重要的原则是"有始有终"，即一旦使用了某个资源，无论发生何种意外情况，都要确保能够正确关闭该资源，以防止发生资源泄漏和系统稳定性相关问题。例如，在 Java 语言中，为了确保始终恰当关闭已打开的资源，有以下几种常用方法。

❏ 使用 try-catch-finally 块：在 try 块中打开并操作资源，在 finally 块中手动调用 close() 方法来关闭资源。

❏ 使用 try-with-resources 块：从 Java 7 开始引入的一种便捷方式，与 try-catch-finally 方式相比，它提供了更简洁、可读性更好的代码，并且在异常处理和资源释放方面具有更高的安全性，因此推荐使用该方式。

8.4 一致性

在高质量代码的 4 个特性中，复用性和防御性比较常见，而分离性和一致性则是笔者提出来的概念。本节将探讨一致性这个特性。首先，我们将从信息传递的角度去探讨一致性的定义。接下来，将介绍代码中应该如何实现一致性。最后，讨论降低一致性成本的思路。

8.4.1 一致性是什么

可以把系统的建设过程看作一个信息流的传递过程。这条信息流的起点是客户需求，然后依次经过企业战略制定阶段以及业务架构、应用架构、数据架构和技术架构等的设计阶段，最后落实到代码实现中。在信息流的中间环节，上游传递过来的信息将用于指导下游的建设。

在不同阶段，信息将以不同的形态呈现。例如，在企业战略制定阶段，它可能以 PEST、SWOT、平衡计分卡等方式呈现；在业务架构设计阶段，它以价值流、服务蓝图、业务流程图、领域模型等方式呈现；在应用架构设计阶段，它以应用分层图、应用交互图等方式呈现；在数据架构设计阶段，它以数据模型、数据分布、数据流转、数据集成等方式呈现；在技术架构设计阶段，它以技术栈、部署架构图等方式呈现；而在代码实现阶段，它以类图、时序图、代码逻辑等方式呈现。

尽管信息的展示形式各有差异，然而信息的本质不应该发生变化，这个本质就是满足客户需求或者说为客户带来价值。只是在不同阶段，随着角色的变化，信息将这种价值以最合适的方式进行呈现。因此，一致性指的是信息流在传递过程中保持其本质不变的特性。

如图 8-2 所示，保持一致性的方向与信息流的传递方向恰好相反。具体来说，在进行一致性的落地时，企业战略的制定需要确保与客户价值相一致，业务架构设计需要确保与企业战略相一致，应用架构、数据架构和技术架构的设计需要确保与业务架构相一致，而代码实现需要确保与应用架构、数据架构、技术架构的设计相一致。

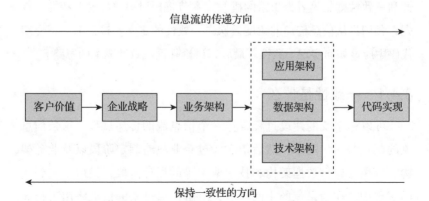

图 8-2　软件研发中的一致性

一致性的作用非常明显，它有助于更好地传递和践行客户的需求与期望，并将其有效地转化为具体实施方案。同时，一致性也可以提高各环节的沟通效率，减少误解和偏差，使各个环节之间更加协调和衔接顺畅。可以说，只有实现了一致性的系统，对客户的价值才可能全部兑现。

然而，保障一致性并不容易。按照信息传递理论，每经过一个环节，信息中都会增加噪声，从而导致信息失真。因此，实现一致性涉及成本的问题，如何能以低成本的方式实现一致性，也是需要重点考虑的方面。

下面先探讨代码实现与应用架构、数据架构和技术架构设计之间如何保持一致性，然后探讨有哪些好的降低一致性成本的思路。

8.4.2　代码中的一致性

代码实现是在架构设计的指导下完成的。因此，代码实现的内容必须与应用架构、数据架构和技术架构的设计保持一致。

1. 与应用架构的一致性

代码实现与应用架构的一致性包含 4 个方面。

一是功能一致性。代码实现的功能是否与当初规划的应用功能模块相匹配。对于外部功能，需要确认提供的功能或价值是否得到充分实现；对于内部功能，则需要检查是不是较当初有所增减。尤其对内部功能来说，在代码实现阶段往往会发现之前的设计存在遗漏或不完整之处，此时需要进行分析和补充。

二是交互一致性。检查各个功能模块、子应用以及与外部系统之间的集成关系图，是否与应用交互要求保持一致。这种一致性包括交互的协议、交互的方向、交互的数据等是否符合预期。

三是配置一致性。验证代码中实现的可配置参数是否真正能落地实施，并应与应用架构设计中定义的产品化规则相符合。在这个过程中，代码实现阶段往往会发现更多的可配置参数，这时需要反馈给设计者，确认是否需要完善。

四是架构风格一致性。验证落地实现的架构风格是否与应用架构阶段选择的架构风格相符。注意，如果一个系统仍处于生命周期初期，尽管未来可能演变为分布式系统，但架构师也很可能先采用单体架构，只是在内部实现逻辑性的分离，为未来分布式的演变做好准备。对于这种情况，需要核实一下代码实现是否符合这种预期。

2. 与数据架构的一致性

代码实现与数据架构的一致性包含 5 个方面。

一是数据模型一致性。在代码实现阶段，我们会根据数据架构设计阶段的 ER 模型进一步细化得到最终的物理数据模型。在这个过程中，需要考虑具体的数据库适配性与性能因素，从而决定是否进行读写分离或分库分表，以及进行数据存放周期、清理方式、数据备份周期与方式、数据归档等内容的设计。然而，从最初业务阶段的实体模型，到数据架构设计阶段的 ER 模型，再到代码阶段的物理模型，中间过程是如何进行转化的？最终得到的物理模型是否能够反映出实体模型和 ER 模型所要表达的思路，需要进行检查。

二是数据归属一致性。在设计阶段，每一个数据模型都应该被归属于某一个主应用，这种归属关系在实现阶段不应随意变化。此外，还应注意一种情况，即数据模型又被拆成了多个小模型，分散在其他应用中，这通常也与设计的初衷不符。

三是数据分布一致性。需要验证一个数据实体在各个应用的分布以及主副数据源的设计，是否与数据分布图相符。

四是数据流转一致性。在落地实现过程中，需要核实数据传输的方式、传输内容、数据变换的过程、传输的顺序等是否满足要求。

五是数据集成一致性。需要验证应该采集的数据是否有遗漏,数据的聚合效应是否与预期的相吻合。在这一步,也经常会发生数据遗漏或数据整合困难的情况,需要设计者进一步调整。

3. 与技术架构的一致性

代码实现与技术架构的一致性要考虑的范围比较广,这里只列举其中的一些方面。

一是部署架构一致性。需要验证具体落地的代码能否按照现有部署架构要求上线。

二是非功能性需求一致性。首先,代码实现阶段所用的技术中间件是否与设计时的版本和基线相匹配。其次,技术类中间件的配置参数必须与非功能性需求的设计保持一致,许多技术中间件都提供了并发性、可用性等配置选项。再次,数据类的中间件,比如数据库、大数据存储等,也需要核实数据的存储要求、时间要求、安全要求、生命周期等是否符合非功能性需求设计。最后,除了应用自己引入的中间件之外,还应关注环境中基础设施类产品的参数配置情况,例如负载均衡、网关、防火墙等产品,在高并发情况下可能需要调整默认设置以满足需求。

8.4.3 降低一致性成本的思路

一致性的保障是需要付出成本的。本小节将探讨降低一致性成本的一些思路。

可以将系统的建设过程看作信息流的传递过程,因此,我们可以先从保持信息流一致性的角度思考,并找出降低一致性成本的方法。

第一种方法是减少转换次数,因为每次转换信息都会导致一些失真。第二种方法是及时反馈错误。在信息传递中,通过使用校验码技术，接收方可以验证得到的信息是否与原始信息一致。事实上，在软件系统中降低一致性成本也遵循着相似的原则。

1. 减少转换次数

一是要统一概念，在 DDD 中也被称为通用语言。业务人员、架构师和开发人员应首先就概念达成共识。在很多架构设计文档中，通常会有名词解释部分，其实这部分内容就要求将可能存在歧义的概念写出来，以消除团队内部对概念理解的歧义。

二是统一模型，建模范式和编程范式应当尽可能保持一致。此外，统一模型还有一层内涵，即模型要有连贯性，从业务架构到应用架构、数据架构、技术架构，再到代码实现阶段的模型，越上游的模型越要从宏观角度考虑问题，而越下游的模型越要从微观角度思考问题。然而，上下游的模型并非完全独立，而是存在着连贯性。

三是统一工具和标准，例如，各个角色在不同阶段应当使用相同的绘图工具，并且应当遵循相同的绘图风格等。

2. 及时反馈错误

在系统落地过程中，及时反馈错误主要强调的是需要有系统性的反馈方法。该方法不仅应包括反馈的方式，还需要明确遇到哪些问题应当反馈。

首先，在代码实现阶段发现与设计不一致是很正常的事情。我们很难在最初就做出一个完美的设计，资源都是逐级解锁的，思路和方法也是逐级扩展的。另外，具体做工作的人通常最了解他所做的工作，他可能无法清楚地表达自己的想法，但知道哪些设计起作用、哪些不起作用。因此，无论是从设计的完善性角度，还是设计与实现的一致性角度来看待，都需要充分发挥开发角色的作用，并根据反馈持续改进已有设计。

此外，在代码实现阶段，我们还应当特别关注一些存在矛盾或别扭的地方，这些地方往往隐藏着潜在的不一致。例如，在领域模型代码实现过程中，就应该关注是否存在不顺畅之处。再如，架构设计的目标之一是使开发、测试、部署、变更等过程更加便捷，如果某个环节感觉不够方便，就需要审视架构设计是否妥当。

8.5　本章小结

尽管系统实现阶段主要是由开发人员来负责实现的，但实际上与架构设计密切相关。如果架构师认为将架构设计方案完成，交给开发人员就完成了本职工作，这种想法未免太过理想化。在实际工作中，系统实现阶段通常会发现许多与架构设计有冲突或有待商榷的地方，此时架构师应该认真倾听开发人员的诉求，做好沟通并及时调整方案，其实这也是一个让架构师深入理解系统的好机会。

在架构设计时要经常关注分离性、复用性、防御性和一致性这4个高质量代码特性，以帮助开发人员编写出高质量的代码。例如，DDD 中的领域拆分和微服务拆分都是分离性的表现，高可用架构设计则是防御性的表现。另外，大部分编程规则也适用于架构设计阶段，例如分离性中的业务和技术分离、变化和不变化的分离等同样适用于架构设计。在程序员转为架构师的过程中，要注重思考，总结出类似的通用底层规则，这样成长中碰到的弯路会少一些。第10章介绍的底层思维模式同样适用于编程和架构工作。

CHAPTER 9

第 9 章

系统维护

本章将介绍架构落地过程中的第四个阶段——系统维护阶段。系统从开发到上线可能只占据系统生命周期的一小部分，其余大部分时间都属于系统维护。本章选择了与架构设计密切相关的 3 个方面：生产问题定位、数据规律探寻以及系统规模扩张，并探讨一些好的解决思路。

9.1 如何从根本上定位问题

生产问题的出现和解决，是每一个软件系统都绕不开的。如何在问题出现后快速解决，其实是一件非常考验能力的事情。本节将介绍一种系统思考的方式来帮助读者更好地应对生产问题。首先，将对这种系统思考方式进行整体介绍。其次，讨论观察系统的 3 个层次。最后，具体介绍如何通过 3 个步骤定位生产问题。

9.1.1 一种系统思考的方式

系统科学教给我们一种系统思考的方式。本节将简要介绍一些与系统思考相关的概念，大家可以查阅系统论的书籍了解更多有关知识。

首先看一下系统的定义。任何一个系统都可视作由 3 种元素组成：要素、连接、功能或目标，1.1 节也曾简单介绍过。

下面以企业架构框架（如 TOGAF）系统为例介绍一下系统的 3 个组成元素。企业架构框架的元素主要包括人、工具等实体；它的目标是将整个企业碎片化的已有流程（手动或自动）优化为一个对变化做出正确响应，以支持业务战略达成；由于开放性，连接范围也比较广泛。

上面对系统的定义是一种静态方式的描述，属于结构模型范畴。然而，系统的动态描述方式，具体又可分为两种：一种是通过观察存量和流量的方式；另一种是通过观察系统的反馈回路的方式。

1. 存量和流量方式

存量指的是系统在一段时间内积累下来的数量或状态，如一个 App 中的功能数量、用户数量、数据存储数量等。

与之相对应的，系统中还有流量，它表示系统在一段时间内存量发生变化的情况。系统中的存量和流量，类似蓄水池和水的关系，一个系统通常存在着不同的流动类型，并且这些流动往往会引起相关存量发生变化。继续以 App 为例，流量可以体现为某段时间内增加了多少用户和数据等。

注意，流量具有方向性。例如，App 获取新增用户被视作流入；相反，如果 App 用户数量下降，则被视作流出。

2. 反馈回路方式

系统中的存量变化是由流量的变化造成的，而产生流量变化的运作机制就是反馈回路。基于反馈回路,也可以对系统进行动态描述。

在系统中,反馈回路大致可分为两种类型:调节回路和增强回路。调节回路具有保持存量稳定、趋向目标进行调节的功能。而增强回路则会不断放大、增强或恶化原始流量趋势。

我们还是以 App 为例,如图 9-1 所示。为什么 App 的用户数量逐步增加呢?这可能是由于投资方增加了研发投入,从而丰富了产品功能,并促进了用户量的进一步增长。这形成了一个正向且不断增强的回路,被称为"增强回路"。另一方面,在竞品方面存在一个"调节回路",它使得一个产品的用户量不断地趋向于一个正常值。因为,一个产品在越来越受欢迎时,它的竞品也会增多,会导致部分用户流失。

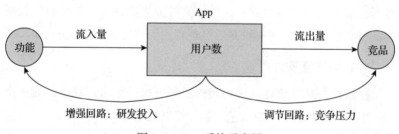

图 9-1 App 系统示意图

9.1.2 观察系统的 3 个层次

如前所述,系统可以使用 3 个组成元素、存量和流量,以及调节和增强两种反馈回路来进行描述和思考。实际上,这与 3.3 节介绍的系统的 3 类模型有相似之处。其中,系统的组成属于结构模型,可以帮助我们理解系统的组成要素以及它们之间的关系;系统的功能或目标显然属于功能模型,而系统中的反馈回路和相关的存量 / 流量变化则属于行为模型,告诉我们系统内部是如何运作的,以及这种运作会产生什么样的结果。

对系统有了整体性的认识之后，接下来将进一步探讨观察系统所涉及的 3 个层次。

1. 事件层面

事件通常指的是系统中发生的事情或现象。更具体而言，一般是指系统中的属性发生了什么状态的变化。例如，在软件产品中，通过上线新功能获得多少新增用户，用户并发访问量大时系统响应时间变慢了多少等都是典型的事件，其中的用户量和请求响应时间都是属性。

这里提到了系统的属性，实际上，它是存量或流量的另一种表达。存量描述了系统元素中某个重要且有生命周期变化的属性，而流量可以描述该属性如何变化。

对一个系统而言，尤其是一个黑盒系统，事件是我们观察系统的一个重要窗口。在系统运行过程中会不断产生各种各样的事件，透过这些外在事件，我们可以继续推导系统更深层次的内在信息。事件应用的一个典型案例是，我们在 DDD 方法中会使用"事件风暴"来推导出系统的实体、属性等。

2. 行为层面

相比事件，行为更具有意义。因为事件往往只是一个点、一个切面，它是一个静态的已发生结果，它对系统整体来说可能意义不是很大。而行为则呈现出系统在某一个时间段内的一种趋势。在行为这个层次上，我们是在尝试理解不同事件之间存在的相互作用或关系，通常需要通过分析大量的事件才能发现一些重复出现的规律性的行为。例如，以 App 来说，某一月份用户量增加多少可以视作一个事件，但是如果我们把该 App 过去几年的用户数结合起来看，得到该 App 过去几年用户数稳步提升的结论，这就属于一种行为。

对观察系统来讲，通常行为比事件更有价值，主要体现为两点。一是行为可以比较明确地说明系统某一方面发展的趋势，从这种趋势更容易得出系统未来的存量变化趋势，以便我们采取合适的处理措施。二是行为还蕴含着另一层含义，即行为模型描述了该行为如何一步步发生的，即系统的反馈回路，这对我们观察系统同样非常重要。

3. 结构层面

在结构这个层次上，我们关注的是整个系统及其组成元素之间相互作用所形成的结构特征。简单来说，事件和行为都是结果，而结构则是导致这些结果发生的原因，让我们不仅"知其然"，而且"知其所以然"。简而言之，对一个系统来说，每一次流量的发生都会引起存量的变化，并最终产生一个事件。这些事件逐步累积并呈现出特定的趋势，即系统的行为。然而，无论是事件还是行为，它们最终都由系统自身的结构所决定。

结构是一个系统的根本所在，可以想象一下，如果一个系统的结构发生变化，很可能就会变成另外一个完全不同的系统。但是，系统的行为和事件可以不断地进行调整。因此，在观察一个系统时，了解其结构往往是最高层次，也是最为重要的事情。通过对结构的掌握，我们能够更全面地理解整个系统的运作机制，也可以合理地推导系统的行为和事件。

9.1.3　定位问题的三步法

观察系统的 3 个层次，分别是事件层面、行为层面和结构层面。现在探讨一下如何将它们用于定位生产问题。

由于软件系统自身的复杂性，在运行过程中出现生产问题是比较常见的。当问题发生时，我们也可以尝试按照以下 3 个步骤来进行应对。

第一步，在出现问题时，我们最初观察到的往往是一个事件。例如，高并发的系统可能会出现请求响应超时的情况，这本身是一个事件。然而，如果仅仅依据事件来制定解决方案，理由显然不够充分。因此需要进一步进行分析。

第二步，对系统行为进行分析。还是以高并发系统的请求超时为例，我们需要判断请求超时是偶发行为，还是系统请求响应时间逐步升高最终导致的超时。同时，我们要将与请求响应超时的关联事件都串联起来分析，看看是否存在一条可疑的链路。举例来说，在请求超时这个事件中，某台服务器上的日志突然在短时间内变大，或者某一台服务节点的 CPU 使用率突然飙升，这都是可以纳入考虑范围的事件。

通过对系统行为的分析，我们通常能够发现系统中一些异常或可疑实体，并且了解它们之间的交互模式。实际上，这种交互模式就是系统中的回路，在这条回路长时间的运行过程中，会形成一种特定的行为模式。而如果其中某些不良趋势没有得到及时调整，就可能导致负面事件的出现。

第三步是对系统进行结构分析。在第二步的基础上，我们需要进一步分析出系统中的组成要素以及它们之间的交互关系，即系统的结构模型。由于结构决定了系统可能存在的行为和事件，因此我们能够从结构中推导出系统的存量和流量变化以及回路的运作机制，并验证该事件是否与该结构相吻合。

经过以上 3 个步骤，我们才能定位到问题的根本原因，否则很可能会出现治标不治本的问题，或在解决一个问题时引发另一个问题等。事实上，定位问题和解决问题的本质是要求我们对系统有足够深入的理解。因此，可以运用本节讲到的系统思维，尝试从事件、行为和结构 3 个层面去逐步剖析系统，从而找到问题的症结所在。

9.2 如何从数据中找到规律

在大数据时代,如何从海量的数据中挖掘出有用的规律已经成为一个非常重要的挑战,而统计学方法就是解决这种挑战的一把钥匙。本节将探讨统计学中最为知名的两条曲线,并讨论这两条曲线中蕴藏的规则,以及它们在软件研发实践中的应用。

9.2.1 统计学的两条知名曲线

如今,在软件系统生命周期中,会采集越来越多的数据。数据本身可能是枯燥无味的,表面看来都是一个个散落的点,并没有明显的规律性。然而,当这些数据被转换成图表(如柱状图、饼状图、趋势图等)之后,很多规律往往就跃然纸上。然而,即使通过图表等方式进行了初步分析和挖掘,仍可能会存在某些深层次、非线性或难以捕捉到的结构关系。为了进一步把握这些隐藏信息并做出更准确的预测与决策,统计学家们提出了许多模型和理论来解释不同类型数据所呈现出来的特征。其中,最具代表性的是两条非常知名的曲线,它们可以帮助我们进一步探索数据背后隐藏的秘密。

这两条知名曲线分别是正态分布曲线和幂律分布曲线。其中正态分布曲线也被称为高斯分布或钟形曲线(见图 9-2),它在概率学和社会科学领域应用非常多。

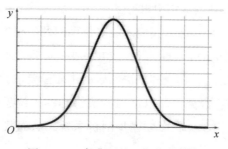

图 9-2 一条典型的正态分布曲线

另一条是幂律分布曲线，估计这种曲线大家听得更少。但是大家肯定对帕累托分布或二八法则更为熟悉，事实上它们指的是同一个现象。这些应该都是读者耳熟能详的，所以不再赘述。

9.2.2　曲线背后的规则

在现实中，每个系统都在不断发生着各类事件，并产生相应的数据。当数据慢慢积少成多时，我们可以通过绘制柱状图、饼状图等图表来透过数据的趋势观察系统的行为。相比柱状图等常见图表，正态分布或幂律分布曲线则能为探索系统的内在结构提供了一种可能。本节将重点介绍两类曲线与系统结构之间的关系。

正态分布与中心极限定理密切相关。该定理指出，如果一个指标受到若干独立因素共同影响，并且每个因素均不能产生支配性的影响，则不管每个因素本身服从什么样的分布，当这些因素叠加在一起时，所得到的指标平均值近似地呈现出正态分布。

在正态分布下，多个相互独立的影响因素线性相加，综合影响系统的指标。因此，如果体现在系统结构中，则每个因素及其作用链路都可以看作系统中的一条回路（回路之间独立且互不影响）。其中，一些回路可能是增强回路，而另一些则是调节回路。调节回路基本上能够将增强回路产生的影响抵消。所以在综合作用下，正态分布下的系统个体会趋近平均值。

其次，对幂律分布曲线来说，受影响的因素之间不是独立的相加关系，而是一种相乘的关系。如果体现在系统结构中，则相乘关系的多个因素共同形成了一个增强回路。随着时间推移，如果没有强有力的调节回路介入，增强回路产生的作用会越发显著。

9.2.3　曲线在实践中的运用

在软件研发过程中，有许多正态分布和幂律分布曲线的应用。

例如，产品经理关注的交付周期、吞吐量，开发人员关注的代码开发当量、代码复用率，测试人员关注的测试用例覆盖率、测试缺陷率、故障修复时长，运维人员关注的部署成功率、发布时长等，这些数据均属于正态分布。而业务人员关注的用户增长率、市场占有率等往往更符合幂律分布模式。本节将简单探讨如何提升软件研发中的指标的思路。

第一步，确定指标的分布类型，是正态分布还是幂律分布。除了绘制曲线，通过曲线的形态进行区分之外，这里再介绍一种通过经济学中的边际成本来进行辅助判断的方法。例如，对需求交付周期、代码开发当量等指标而言，每新增一个需求或者新开发一个系统，都需要投入和之前类似的资源，即边际成本较高。因此这些指标的增长或提升的速度会比较缓慢。与此相反，业务人员关注的用户增长率等指标，由于有网络传播等效应的存在，边际成本会较低。然而，正是因为边际成本低，往往会导致强者俞强的局面。这一点在互联网中体现得很明显。

第二步，寻找指标的影响因素。在了解了每个指标属于正态分布还是幂律分布之后，我们就大致可以推断团队目前处于什么水平。例如，交付周期属于正态分布，那么团队的水平大致在平均值附近。接下来，开始分析指标形成的影响因素。在分析时，要注意观察一些异常值。例如，在分析正态分布指标时，我们不能仅仅关注平均值，也要关注散落在两边的值，这些离群点中往往隐藏着一些好的影响因素。还有，在分析幂律分布指标时，也要关注那些处在长尾的值，这些值同样可能帮助我们找到一些有价值的负面影响因素。

第三步，结合系统结构模型分析待解决问题的改进思路。根据第二步得到的信息，我们可以进一步绘制出相应的系统结构模型。如前所述，在符合正态分布的系统中，每个影响因素在结构模型中表现为一个个独立的回路；而符合幂律分布的系统中，多个影响因素在结构模型中往往共同表现为一个增强回路。然后，对这些回路进行分析，找到系统调整改进的方向。例如，在分析如何提升代码质量时，可能的增强回路有详尽细致的项目前期设计、将代码质量指标纳入绩效考核范畴等，而可能出现的调节回路有缺少代码评审环节、存量代码技术债务多等。通常，对代码质量来说，一般的改进思路是逐渐加强好的影响因素的作用，而降低负面影响因素的作用。对符合幂律分布的系统来说，一般的改进思路是促进增强回路运转的顺畅程度，尽可能降低调节回路的影响。

9.3　如何维持系统的规模扩张

很多软件系统的规模会不断扩张，然而这种扩张也会带来一个严重问题，即系统很容易变得越来越混乱，这其实是"熵增定律"的一种体现。本节就来探讨这个自然界中普遍存在的定律。

9.3.1　软件系统也逃不脱的熵增定律

"破窗效应"理论认为，如果环境中存在着不良现象却任由这种现象存在，将会诱使人们效仿，甚至会变本加厉。程序员应该也知道代码中也存在着类似"破窗效应"的现象。如果一个系统的代码质量较低，通常情况下并不会变得越来越好，而是越来越差，最终变成一个高维护成本的系统。实际上，"破窗效应"可以看作熵增定律的一个典型案例。

那什么是熵增定律？该定律的定义如下："在一个孤立系统里，如果没有外力做功，它的总混乱度会不断增大。"

熵增定律适用于所有系统吗？目前有一种观点认为，只有大多数非生命系统符合熵增定律。在这些系统中，总是自发地趋于平衡态和无序状态，并且这个过程是不可逆的。

为什么不同系统会呈现出这种矛盾现象呢？因为生命体、社会、城市等系统，属于开放的系统，尽管系统内部产生的正熵在持续增加，但是系统本身也一直在与外界进行物质和能量的交换，并且它们产生的负熵比正熵更大，由此抵消了正熵。因此，系统重新形成了一种有序的结构，这就是耗散结构理论的解释。

后来，物理学家哈肯进一步用协同效应解释了上述现象。他指出，一个系统从无序转变为有序的关键，并不在于系统是平衡或非平衡的状态，也不在于离平衡态有多远，关键在于组成系统的各个子系统在特定条件下，通过它们之间的非线性作用，在自发合作中形成了稳定的有序结构。

这说明系统变得有序不仅可以依赖于外部影响力，通过内部子系统间的非线性作用也可以促进系统的有序状态的形成。

9.3.2   软件系统如何对抗熵增

在软件系统中，我们对抗熵增的手段主要是重构。重构也是分层次的，根据对象类型来划分重构的话，它大致可分为代码重构、架构重构、模型重构和认知重构4种。前3种重构相信读者非常熟悉，这里只着重介绍认知重构。

注意，重构的4个层次并不像图9-3左边那样，自下而上严格分隔开来。实际上，它们之间的关系更多像图9-3右边所示。其中，认知重构处于最外层，包括了其他3种类型的重构。代码重构、架构重构和模型重构也并非完全分离，而是存在着相互交叉影响的关系。

这是因为软件系统本质上是一项"翻译"工作，它将现实世界中的元素通过软件工作人员的抽象并映射到软件系统中。

因此在软件系统中，无论是代码的"破窗效应"还是架构的混乱，看似是系统本身的问题，但本质上是源于软件开发人员的个体熵增。换句话说，一个不断熵增的架构师往往会导致一个熵增的架构，而一个不断熵减的架构师更容易创造出一个熵减的系统。同样，一个不断熵增的程序员正是引起代码"破窗效应"的根源。

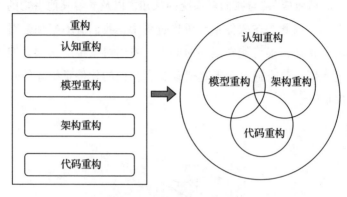

图 9-3　重构的 4 个层次

因此，认知重构是所有重构工作中最重要的那个。那么如何使得架构师和程序员等从业人员做到熵减呢？首先要保持自律，放任系统中增加低劣的设计或代码，与放任个人不好的习惯，在本质上是一样的；其次要持续进行学习，通过不断吸纳最新的技术和理念，对冲掉不断增加的熵增。

9.3.3　为什么说熵减是积分过程

在软件系统中，最关键的熵减手段是认知上的重构。也就是说，我们需要通过不断学习来提升对系统的理解。注意，在这个过程中还存在一个较为明显的特征，即认知并非是逐步提升的，而往往是经过一段时间累积后突然出现从量变到质变的飞跃的，即存在"滞后效应"。

我们可以将这个认知的过程类比为求数学中的积分，如图 9-4 所示。积分就是求解图中阴影部分的面积。上方曲线代表发展过程中经历的路径，路径投射的面积则代表相关的认识成果的累计总和。

可以观察到，开始底部的面积仍然较小。随着前期累积，再向上走，虽然可能路程只是一小段，但是路径投射的会面积变大。这就是积分的"滞后效应"，与我们对系统的认知，以及学习其他事物的感受是相似的。因此，在软件系统重构过程中，我们应不断加强对系统的学习。这样，很可能在某一时间点，我们对系统的认知会迎来一个质的飞跃，只有通过不断提升认识，我们的软件系统才能长期维持有序扩张。

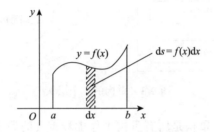

图 9-4　数学中通过求阴影面积得到积分

4.1 节的最后抛出了一个问题：敏捷的原理很简单，然而现实中很多企业还是没有用好敏捷，究竟原因在哪里？下面结合熵增定律和滞后效应简单讨论一下。

首先，敏捷是一种对抗软件开发过程熵增的有效方法，在软件开发过程中，会不断地出现需求不清、需求变更、进度延后、技术挑战、资源约束、沟通不畅等问题，导致开发工作朝着无序的方向发展，这实际上是熵增定律的自然体现。所以，我们需要持续地对抗这种熵增，相比瀑布方法，敏捷方法需要项目经理或架构师等人不断投入大量的精力，才会产生显著的效果。

其次，在使用敏捷方法时，最初是一个爬坡的过程，可能实施了很长时间并未见到明显成效，这时不少人就会慢慢放弃。然而，如果能够熬过这个爬坡阶段，使用敏捷方法就会形成一种习惯，此时再向前推动就会更容易一些。

9.4　本章小结

我们可以将软件系统的生命周期简化成两个大的阶段：系统生成和系统运行。那么，架构落地过程中的需求分析、架构设计和系统实现都属于系统生成阶段，而系统维护属于系统运行阶段。从系统生成到系统运行，相当于系统由"静态"转向"动态"的过程。在系统处于"动态"的过程中，很可能会出现系统"静态"时预想不到或观察不到的状况。因此，作为架构师也应该重点关注该阶段遇到的问题，这对提升系统的认知非常重要。同时，这种认知也可以用于后续提升架构设计能力。

本章介绍了系统维护阶段的 3 个重要主题：生产问题定位、数据规律探寻和系统规模扩张。不论是生产问题定位中的系统思考方式、数据规律探寻中的两条曲线还是系统规模扩张中的 4 种重构，都是探讨在特定场景下如何提高我们的系统认知深度和广度，从而更好地解决实际问题。

至此，我们就完成了对架构认知框架第二个维度——架构落地方法的介绍，下一章将介绍架构认知框架中的第三个维度：架构的底层思维模式。

第 10 章

底层思维模式

本章将开始介绍架构的第三个维度：架构思维模式，它能帮助读者构建更完整、系统的认知体系，有助于更深层次地理解技术、业务、项目管理等的本质。在所有的底层思维模式中，笔者认为最重要的是辩证思维。因此，本章选择了 5 组思维模式进行阐述，每一组都是相对对立的思维，需要以辩证的思维去理解和运用。此外，由于本书主要面向程序员和架构师群体，因此给出了编程和架构相关的案例。我们会发现，许多编程知识与架构知识在底层思维上是相通的。

10.1　还原与整体

还原思维和整体思维是我们日常生活和工作中应用最广泛的两种思维模式。

本节就来探讨还原和整体思维模式，即还原论和整体论在架构和编程领域中的应用，以及背后所隐含的规则。

10.1.1 整体是局部的总和吗

一般来说，人们倾向于将事物拆分成更小的组成部分来进行研究。微积分本质上就是无限地将对象拆解以进行研究。在各种学科中也会使用还原论方法对事物的局部进行研究，并取得了很多进展。无论是化学元素、DNA 和染色体的研究，还是质子、中子、电子和夸克的发现，都应用了还原论思想。

还原论思想非常简单，其核心理念就是将一个系统整体拆分成多个部分，并通过逐个剖析每个部分来理解和描述整体系统。因此，还原论蕴含着一个深层次的思想，即整体等于部分之和。

然而，整体等于部分之和吗？

显然，整体论是一种与还原论完全不同的思考方式，它认为"整体大于部分之和"，即系统整体具有一些组成部分所不具备的特征，并且这些新特征无法通过对组合部分进行线性叠加得出。以人类身体为例，如果我们认为整体等于部分之和，那么意识、心灵和体验从何而来？此外，尽管人身体中的细胞七年内就会全部更替，但个人仍然保持着自己原有的身份。这表明使得一个人保持同一性的是人体整体性的东西，而非局部，甚至是细胞。

总之，还原论和整体论，一个认为"整体等于部分之和"，而另一个则认为"整体大于部分之和"。然而，这两个相互有些对立的思想在现实中都有着广泛的应用，接下来看一下它们在编程和架构领域中的应用。

10.1.2 还原论在编程和架构中的应用

还原论思想在软件研发领域的应用非常广泛，下面先通过 3 个典型示例介绍它在编程中的应用。

1. 软件工程

在软件研发领域，软件工程是最早应用还原论思想的方法之一。在此之前，软件研发没有明确的阶段和模块化概念。因此，在处理规模庞大的系统时很容易导致团队内部混乱，并出现延期等问题。而软件工程则将"还原论"这一工业化时代的思想引入软件开发中，其核心思想是将一个大型项目按时间顺序分解成设计、开发、测试等多个小阶段，并且在每个阶段将一个大任务进行模块化拆分，分配给各个开发人员进行处理，然后通过里程碑节点驱动整个流程向前运转，就像汽车生产线上的"流水线"一样。

2. MVC 开发模式

如今，MVC 开发模式已广为应用。在它出现之前，整个应用程序是以单一代码块构建而成，当修改或添加一部分功能时很容易影响到其他部分，从而使得软件难以维护或扩展。而 MVC 开发模式的核心思想是将整个应用程序按照业务逻辑、数据和用户界面三个维度进行划分，并将它们放在不同的层次中。这样一来，编程人员就可以根据需要对每一层修改或扩展，而不必影响到其他部分。

3. 多线程处理

此外，为了提高程序的执行效率，多线程处理已经被普遍应用于软件开发中。例如在 Nginx 中通过多线程来并行处理用户请求，在 JVM 中的垃圾回收器将堆栈划分为多个区块，从而并行回收以节省时间等。多线程的主要思想是将一个大任务拆分成若干个子任务，并同时执行这些子任务，以达到加速运算的目的。

在编程中，程序员大多面对的是系统中的一个模块。而在架构设计中，架构师往往面对的是一个更大的系统。因此，还原论的应用也更为广泛。接下来介绍架构设计中的两个典型示例。

4.微服务设计

在进行复杂系统的设计时，微服务设计方式已经成为主流。不论是在传统方式下对系统进行的"纵向＋横向"拆分，还是在 DDD方式下对系统进行的领域、子领域和限界上下文等的拆分，其本质都是将一个大系统分解为多个微服务来共同实现业务目标。

5.非功能性需求设计

在非功能性需求设计时也有许多还原论思想的应用。例如，在面对高并发情况时，架构师通常采用水平扩容服务节点、数据库分库分表以及多进程、多线程等措施来提高系统的处理能力；而在追求高性能时，架构师往往会采用数据库读写分离和缓存等策略；同时，在追求高可用性时，架构师通常会设计冗余备份方案来保证关键节点的可靠性。

虽然从应用层面来看每项技术看似差别较大，没有什么关联可言，比如编程中的 MVC 开发模式和架构中的微服务设计，但它们的本质是相同的。在进一步探讨还原论思想之前，先来看一下整体论在编程和架构中的应用。

10.1.3　整体论在编程与架构中的应用

整体论在软件研发领域同样有着广泛应用，下面先来介绍编程领域中的 3 个典型示例。

1.在编程领域的应用

（1）面向对象编程

整体论在编程领域的典型应用之一是面向对象编程。相比面向过程编程，面向对象编程将变量和函数封装成有意义的整体，并且在对象这一层级上可以通过继承、实现、聚合、组合、依赖等方式构建出更大的整体，从而让代码具备更高的可读性、易用性和可维护性。

（2）集成测试

集成测试是整体论在测试领域的典型应用。许多开发人员可能都会有所体会，即便在单元测试阶段对自己负责的模块或子系统进行了详尽的测试，到了集成测试阶段还是会出现不少模块或子系统间的交互问题。这也反映了一个事实：测试中各个模块或子系统之间相加并不能等于整体，因为它们之间相互作用还会产生新的功能和特性。

（3）代码评审

在软件开发中，许多优秀的程序员或团队都养成了一种良好的编程习惯，即在完成各个模块的代码编写后会进行代码评审，并从整体维度去寻找可复用部分。同时，还会从整体上检查是否符合高内聚、低耦合等原则以及是否存在循环依赖等问题。实际上这也是将整体论思想应用于实践的一种方式。

同样，在架构设计中，整体论的思想已经广泛应用，下面选择3个典型示例进行介绍。

2. 在架构中的应用

（1）设计与业务目标对齐

7.5节曾提到，在完成应用架构、数据架构和技术架构的设计之后，需要与业务目标进行对齐。在进行架构各个维度的设计时，实际上是运用还原论对复杂系统进行拆分设计的过程，但要始终记住，这种拆分始终是为了服务整体业务目标的，并不是仅仅为了拆分而拆分。换句话说，在缺乏整体目标的情况下，还原本身就失去了意义。

（2）非功能性需求设计

事实上，在需求阶段提出的每一个非功能性需求，如高并发、高可用等，都是针对系统整体层面来讲的。因此，在技术架构设计完成之后，也一定要从系统整体层面再去审视是否满足了最初的非功能性需求目标，具体可参见 8.2.4 小节。

（3）DDD 方法

DDD 方法也是整体论的一个典型应用。在 DDD 落地过程中，我们将多个类关联在一起就形成了一个聚合；将多个相关的聚合放在一起就形成了限界上下文；而多个限界上下文按照某种规则关联起来就形成了子领域和领域，每高一个层级，都构成了一个更大的整体。

通过上述示例可以发现，在将某些个体聚合成一个整体之后，能够实现个体无法起到的作用。这也在一定程度说明，整体并不仅仅是简单的局部之和，其"1+1>2"的特点超出了还原论所能解释的范畴，这也正是整体论的优势所在。那么一个好的整体应该具备哪些特征，以及构建一个好的整体又有哪些可遵循的规则呢？这些问题将在下一节进行探讨。

10.1.4　还原论和整体论的关注点

然而，只是到还原论和整体论的思想层面还不够，因为它们仅仅代表了一种思想，在实践中的指导作用并不大。比如，在回答"微服务如何进行拆分"这样的问题时，如果回答是采用了还原论思想，显然没有多大用处。本小节将进一步探讨还原论和整体论背后的规则，只有掌握到规则这一层，才能帮助我们更深刻地理解同属一种思想的各项技术。例如，在面向对象编程阶段，如果一个开发人员理解了一个好的对象有哪些规则或特征，在进行 DDD 架构设计时，就能很好地利用这些规则或特征。接下来结合案例讨论还原论和整体论背后的规则。

1. 还原论的通用规则

对还原论来说，我们更加关注拆分都运用了哪些通用的规则。从 10.1.3 节的示例中，可以简单归纳出以下两种。

（1）关注点分离

关注点分离是将一个大型个体按照关注点划分成多个小型个体。这里的"关注点"可以非常广泛。例如，在软件开发中，我们可以以时间阶段为关注点进行划分（需求、开发、测试和运维等），也可以以角色职责为关注点进行划分（涉及产品经理、架构师、前后端开发人员、测试人员和运维经理等）。此外，在 MVC 开发模式中，它的关注点则是功能 / 职责。

在编程阶段使用的拆分关注点对架构设计也有启示意义。例如，在架构设计中的微服务拆分方面，不论是"纵向"或"横向"的拆分，实际上关注点都主要集中在功能 / 职责上。同时，我们也经常按照业务流程执行的不同阶段来进行微服务划分，这与软件开发中的阶段划分类似。在具体实践中，通常需要在不同的关注点之间灵活切换，但本质上，抓住关注点就掌握了问题的核心。以投资管理业务场景为例，通常会先按照研究、投资、交易来进行初步横向拆分。然后，在纵向维度上，将技术属性强的通用组件拆分出来，如消息发送、流程引擎、统一搜索等微服务；接着将业务通用组件进行拆分，如智能报表、风险分析等微服务。到这一步，研究、投资和交易业务领域只剩下与自身业务相关的逻辑。随后，按照不同的关注点对每个领域进行拆分，例如研究领域涵盖了股票、债券等不同的资产类型，可以进一步考虑按照资产类型进行微服务拆分。

（2）复制式分离

个体的复制式分离（拆分）是当一个个体无法满足需求时，"复制"出类似但独立的多份副本，往往用于提升性能或者实现高可用功能。例如编程中的多线程技术，以及架构设计时读写分离和冗余备份都是该规则的应用。

（3）系统拆分三维模型

当系统需要扩展时，结合关注点分离和个体的复制式分离规则，可以总结出一个简单的系统拆分三维模型，如图 10-1 所示。从维度方面来说，通常先按照技术维度来拆分，可以考虑单机多线程或多进程方式。如果技术维度无法满足扩展需求，则可以继续基于业务和数据维度进行拆分。在具体实施时，往往按照个体的复制式分离在先，关注点分离靠后的原则。因此可以先考虑业务水平克隆和数据读写分离的方式，最后考虑业务垂直拆分和数据分库分表的方式。

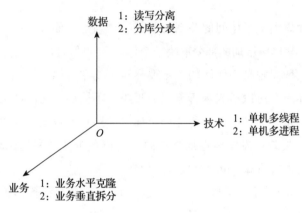

图 10-1　系统拆分的三维模型

2. 整体论的整体性规则

对于整体论，我们更关注的也是良好的整体规则是什么。不过在此之前，先来简单讨论一下怎么才能被称为是一个好的整体。因 ChatGPT 的火热，人们或多或少了解了"涌现"这个概念。所谓"涌现"现象指的是当一个复杂系统由众多微小个体组成时，在宏观层面展示出无法单纯通过微观个体解释的特殊现象。

可以说，"涌现"现象是整体主义发挥到极致时才能显露出来的效果。然而在现实生活中，并非所有系统都有足够数量的个体，因此也难以达到产生"涌现"的程度。

从更广泛意义上说，一个好的整体在于能够促使系统中的所有部分协同合作，每个部分都能发挥自己独特的作用，并且彼此能高度协调和配合，比如足球队和乐队间的协调和配合。因此，一个良好的整体应该具备"形散神聚"的特征。"形散"意味着各模块或组件可以根据其功能、特性等进行精细化拆解和设计；而"神聚"则表示这些单元之间存在高度默契和配合关系，并通过有效优化达到全局最佳状态。接下来探讨构成好的整体的一些常用规则。

一种规则是个体间的关系要赋予整体新的功能或含义。相比许多个体，整体所增加的部分取决于个体之间的关系。

另一种规则是个体间的关系要尽可能简单易懂。例如，在处理大量个体时，可以适当进行分层或聚类；不同层次之间的关系方向应尽量保持单向性；一个整体中个体之间连接数量要避免过多，以防止个体失效引发整体性崩溃；同时要避免个体之间的循环依赖，因为不仅难以理解，也容易使程序出错。

整体论的两条规则其实也深刻体现了还原论和整体论之间的关系。

3. 整体论与还原论之间的辩证关系

首先，整体论是基于还原论的，即一个好的整体往往由许多小的个体关联而成。

其次，整体论中的规则会促进人们审视还原论中个体及其关系的合理性，在一个好的整体中，个体及其关系通常呈现出分层、对称、有向无环等有序特征。

10.2　降维与升维

本节就来探讨降维和升维这两种看似对立的思维模式。

10.2.1　通过现实案例理解降维和升维的含义

说到降维，可能大家最熟悉的是互联网企业对传统企业的降维打击。传统企业在提供物品或服务时，还涉及时间和空间两个维度，如图 10-2 所示。以传统的实体零售商店为例，在时间维度上，通常只能在白天向外开放；而从空间角度来看，每件商品都经过一系列转运才到达实体门店，并最终销售给客户。从产品出厂到送达客户手中的整个过程经过的路径集合代表了空间距离。

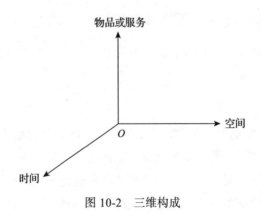

图 10-2　三维构成

那在线电商是如何实现降维打击的呢？其实，商品或服务本身并没有发生变化，变化主要是发生在时间和空间这两个维度上。在时间上，线上电商打破了传统实体门店只能白天营业的限制，可以 24 小时不间断运营，从而使时间维度失去了限制。而在空间上，借助互联网、物流等的支持，顾客几乎可以直接触达到任何商品，从而消除了空间维度的约束。线上电商通过尽可能压缩时间和空间维度，对实体电商形成了降维打击。

降维在其他领域也同样适用。举个例子，与过去实体营业厅所提供的服务相比，如今银行等金融机构提供的线上服务在时间和空间两个维度上进行了压缩，让我们能够随时随地享受金融服务。

通过上述现实生活中的降维案例可以看出，降维就像一个"压缩机"，可以将原本高维的事物压缩为低维事物。相比之前，低维事物虽然更简化，但往往具备更概括、更精准、更便捷等特点。

相比降维，升维更像是一个"膨胀机"，在原本低的维度之上，赋予事物更多的细节、功能、信息等，让一个事物显得更加饱满、准确和全面。在简单了解降维和降维两个概念的含义之后，接着看一下它们在编程和架构中的运用。

10.2.2　降维思维在编程和架构中的应用

本小节将聚焦于编程和架构共同具有降维特性的两个方面来讨论——模型和复用。

1. 模型

不论在架构设计还是编程实现阶段，都需要构建大量的模型。这些不同类型的模型，都是从原本杂乱无章、难以理解的事物中提取出来的有序、易于理解的抽象表达。通过将复杂问题进行降维处理，并以一种更加结构化、可视化的方式呈现，可以帮助我们更好地理解系统需求、梳理业务逻辑并进行有效沟通。总之，在编程和架构设计过程中，通过抽象建立各种类型的模型是一种常见而有效的降维处理方法。

2. 复用

与模型类似，在架构设计和编程中，复用都是重点考虑的因素之一。无论是简单的或者复杂的复用都涉及对信息进行抽象和简化。通过不断地"抽丝剥茧"，将原本多维度、多层次的复杂事物转化为一个精炼的、稳定的可复用组件，这也是降维处理的一种典型应用。

那么，在编程和架构设计中如何相互借鉴建模和复用的相关经验呢？实际上，降维的本质思想比较简单，就是将复杂的事物进行简化和抽象，仅仅理解这一点还不能解答上述的问题。笔者认为，降维思维中隐含的另一层含义需要我们从一个更完整的主客体角度去看待事物。因为主体的视角决定了对复杂事物采取何种方式的降维处理。

　　降维是一个主客体交互作用的过程，因此可以将建模过程抽象为（主体，客体）的二元组。从主体的视角出发，可以明确模型的效用和模型的类型，而客体本身包括元素和规则两部分，具体参见 3.3 节。因此，（主体，客体）的建模二元组可以进一步扩展为［（模型效用，模型类型），（元素，规则）］。模型效用主要决定了元素的粒度，而模型类型则主要决定了规则。表 10-1 以编程中的时序图和架构设计中的业务流程图为例进行了对比，两者均属于行为模型，在经过（主体，客体）二元组的降维之后，主客体的元素类别和规则都有了共同之处。

表 10-1　编程的时序图和架构设计中的业务流程图对比

模型类别	主体		客体	
	模型效用	模型类型	元素	规则
编程中的时序图	通过描述对象之间的交互关系去实现一个业务或技术功能	行为模型	行为体、对象	消息传递
架构设计中的业务流程图	通过描述角色之间的交互关系去实现一个端到端的业务功能	行为模型	行为体、角色	动作执行

10.2.3　升维思维在编程和架构中的应用

　　相比降维，升维思维重点关注客体与其运行的环境之间的交互。简单而言，客体运行受环境的影响和约束。因此，在考虑客体时不能仅关注客体自身，还需结合环境进行全面考虑。

　　接下来探讨一下如何将这种升维思维应用到编程和架构设计的实践中。在编写程序时，我们最容易写出来的就是正常情况下业务运行所需的代码逻辑。然而，如果结合环境因素一起考虑，还需考虑如何处理异常逻辑。这种"正常逻辑＋异常逻辑"的处理是典型的升维思维。

在架构设计中，当面对系统的一系列非功能性需求时，根据这些需求设计出具体方案，然而止步于此仍属于典型的一阶思维。如果使用升维思维，则需要进一步思考：在运行过程中，系统周边环境的可能反馈有哪些？某个环节的性能提升会不会引发另一环节的性能降低等。举一个简单的示例。在许多高并发的解决方案中，很容易想到引入缓存来加快热点数据的存取。然而，如果缓存挂掉了怎么办，是否会影响系统整体的高可用？这个问题可以通过缓存和数据库的两级存储方案来解决。然而这又可能带来其他问题，比如缓存穿透问题，此时还需要引入限流或布隆过滤器等方案来解决。因此，在架构设计时只有将系统与环境因素综合起来考虑，才能制定出更加全面和有效的解决方案。

10.2.4　应该从降维和升维中学到什么

如果将这降维和升维的思维方式结合起来看，我们又可以得到哪些启发呢？

通过前面的讨论，我们已经了解降维思维的核心思想在于关注主体和客体之间的交互作用，而升维思维的核心思想则强调关注客体与环境之间的交互作用。如果将两种思维方式结合起来，实际上可以获得一个更完整的系统认知图景，如图 10-3 所示。

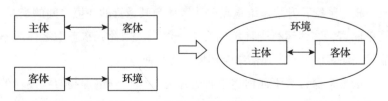

图 10-3　降维和升维思维的结合

因此，在编程和架构设计时，我们应该合理地结合降维思维和升维思维。

事实上，当任何一个系统处于某个特定环境时，都存在一个最适合的处理范围，这个范围可以是准度、精度、大小或边界等多种因素。而找到降维和升维思维的结合点就是找到处理当前问题的最好的"度"。多一点或少一点都可能导致效率、成本、沟通等问题。下面列举一个简单的例子，希望给读者带来一些启发。

在业务架构建模阶段，如果提前引入一些不该关注的细节，如技术实现细节，很容易导致模型失去聚焦性，并且增加了大量沟通成本。例如，在 DDD 战略设计时，领域或子领域划分只需要关注领域这个"度"即可，而暂时不需要关注限界上下文或是聚合的"度"。

10.3　自顶向下与自底向上

本节将讨论自顶向下和自底向上两种思维模式。

10.3.1　两种思维的应用及融合

自顶向下和自底向上的思维在现实中的应用非常广泛，下面通过 2 个示例简单进行介绍。

1. 编程方式的选择

程序员在编写代码时，通常存在自顶向下和自底向上两种方式。但单一的编码方式会存在较大的问题。尽管自顶向下方式能够快速搭建框架并提供方向性指导，但无法预见所有可能发生的情况。由于有时会受底层复杂度的影响，这种不可预见性往往容易导致编程工作推倒重来。而自底向上方式缺乏整体方向性的指导，并且大多数人擅长把大概念拆分成小概念，却不擅长从小概念中推导出大概念，即整合比拆分实际上要困难得多。因此，在实践中最好将两种方式结合起来使用。

2. 企业战略解码

如今，越来越多的企业开始进行战略解码。简单来说，它是将公司的愿景和战略重点进行清晰的描述，并转化为具体行动的过程，是"化战略为行动"的有效手段。然而，在实施战略解码过程中还有另外一个关键因素：企业内部要上下一心、达成共识。

成功的企业战略解码也存在两种思维模式：一种是自顶向下的战略制定，另一种是自底向上的达成共识。只有两种思维模式结合起来形成合力，企业的战略解码才能发挥作用。

通过上面两个案例可以发现：自顶向下和自底向上的思维模式融合之后，爆发出了很大的能量。那么这种能量来源于哪里呢？

对于一个复杂的系统来说，其内部一定是分层次的。如果想要系统顺畅运转，就需要将各个层次中的个体有序地编排起来，这里暂且将个体限定为个人。在不同的层次中，每个人都拥有自身的职责和能力范围，并且通常也都最熟悉他们所负责的工作。此外，几乎每个人都有提升效率或改善质量的冲动或想法，这些冲动或想法加以凝聚就形成了很多的"微创新"。

在一个有层次的系统中，如果我们完全采用自上而下的架构编排方式，即使用指令控制式的方式去推行就可能抹杀这些"微创新"，并导致下层和上层之间的连接慢慢失去活力，整个系统也会逐渐僵化。

总结来说，自顶向下和自底向上两种思维相融合可以产生巨大的能量，这种能量源于系统内形成的"增强回路"。其中，上层的"指令"通过接纳下层的"微创新"而不断得以完善。同时，下层的

"微创新"有了上层的"指令"的支持之后,又会激发出更多的创新,两者共同推动系统不断改进。

10.3.2 在企业中落地敏捷为什么很难

9.3.3 小节从"熵增"和"滞后效应"两个方面探讨了敏捷落地的困难性。本节将使用自顶向下和自底向上的思维模式进一步分析企业中敏捷落地为什么难?

在很多人眼中,甚至包括很多 IT 人员,认为敏捷只是研发阶段的事情,只要研发人员响应业务需求足够快速,那么敏捷就能在企业中成功落地。实际上,这种理解是非常片面的。这里举两个很简单的反例。假设研发人员能够做到快速交付业务提交过来的需求,然而在业务验收时测试人员经常拖拖拉拉,导致即便功能开发完成也无法上线。又如业务人员对需求实现和验收都非常积极,但交付给最终客户的产品或服务无法达到预期。那么,上面这两种情况也可以算作实现敏捷了吗?答案显而易见。

实际上,企业中的敏捷是分层的,它绝不只是研发阶段的事情,它一定是企业内的一个体系化工作。具体来说,企业中的敏捷大致可以分为 3 层,从下到上分别是研发敏捷、业务敏捷和战略敏捷,如图 10-4 所示。

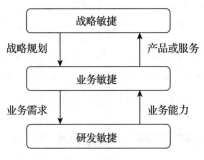

图 10-4 企业中敏捷的层次化结构

1. 研发敏捷

研发敏捷就是我们传统意义上说的敏捷，它的主要职责是接收业务需求，并输出业务能力。只不过，它的创新在于将业务需求按照优先级分散到持续的多个小迭代中，这样最终能够提升业务能力和业务需求的匹配度。此外，如要达成研发敏捷，需要业务敏捷的支持。

2. 业务敏捷

业务敏捷主要有两个职责。

一是向下与研发敏捷地对接。业务人员要能够不断地提出质量高的业务需求，同时还要求在迭代周期内，对研发提交的业务能力进行准确判别。

二是向上与战略敏捷地对接。首先，高质量的需求来源于业务人员对企业战略规划的准确理解。其次，业务人员可能还需要对业务能力进行组合或包装后，再向上输出产品或服务。可以看出，业务敏捷不仅需要依赖研发敏捷，也需要战略敏捷的支持。

3. 战略敏捷

战略敏捷是企业内部最高层级的敏捷，其主要职责是根据企业外部各种环境因素的变化，不断制定和调整企业的战略规划，并能够向外部客户及时提供所需的产品或服务。

可以看出，如果要在企业内成功落地敏捷，需要 3 个不同层次的敏捷协同配合。其中，上层的敏捷需要依赖下层的敏捷实现，而下层敏捷的目标实现是为了支撑更上层的目标达成。3 个不同层次的敏捷之间需要形成一个"增强回路"，即将自顶向下和自底向上两条路线能够结合起来，从而共同推动企业敏捷能力的不断改进。

10.3.3   在企业中实现技术驱动业务为什么很难

本节尝试使用自顶向下和自底向上的思维模式来分析为什么技

术驱动业务如此困难，并探讨可能的解决思路。

传统上，企业先由战略驱动业务，然后由业务驱动技术进行落地实现，如图 10-5 所示。可以发现，企业内部只有一条自顶向下驱动的链路。那么为什么是战略→业务→技术这样一个驱动顺序，而不是战略→技术→业务或其他顺序呢？一个简单但是重要的原因在于技术和战略之间没有一个沟通的平台，双方之间也缺乏共同的语言。因为在企业战略层面，谈论的支点一定是业务，如果技术想

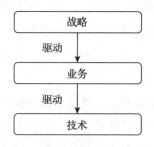

图 10-5 企业中传统的驱动关系

要影响到战略，那么就需要在技术的外壳之外用业务进行包装。但是过去企业中并没有提供技术和战略进行沟通的渠道，并且也缺乏能够将技术和业务融合起来的角色。

随着企业信息化的深入，许多企业为了提升战略与 IT 执行之间的匹配度，增加了业务架构这一层。简单来说，业务架构在企业内搭建了一个"舞台"，其中既有企业内的战略人员，也有业务人员和技术人员的参与。这个"舞台"为技术人员提供了一个自底向上驱动战略的机会。在数字化时代，只有将自顶向下和自底向上的两个链路串联起来，在企业内部形成一条"增强回路"（见图 10-6），才能实现业务和技术的交融，并推动企业不断创造更大的价值。

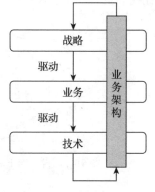

图 10-6 业务架构的串联定位

10.3.4　两种思维的延伸以及带来的启示

实际上，自顶向下和自底向上只是一个较小的范畴。在现实世界中，还存在着相似逻辑的思维，例如由外而内和由内而外、从整体到局部和由局部到整体、由因到果和由果到因等。

然而，如果再向上抽象一层，上面这些逻辑相似性的思维都可以归纳为一种链路思维。只是在不同场景下，链路类型可能包括驱动链、经济链、因果链等。例如，在敏捷和技术驱动关系中，涉及自顶向下以及自底向上两种不同的驱动关系，因此这种驱动关系可以视为一种驱动链。当系统涉及许多利益攸关者时，往往形成了一个复杂的经济结构，可以视为一种经济链。而在进行生产问题定位时，需要追溯问题发生的过程，并形成因果关系图，这是一种因果链。

系统中的环境、主体和客体之间会形成各种链路，如图10-7所示。而理解并灵活运用不同类型的链路思维模式能够帮助我们更好地理解并解决复杂问题。实际上，不同思维模式的主要作用就在于让我们更为全面地认知一个复杂系统，本章将继续完善系统认知图。

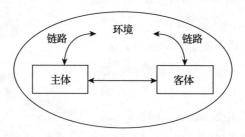

图 10-7　自顶向下和自底向上思维补充后的系统认知图

10.4　正向思维与逆向思维

本节将讨论正向和逆向这两种思维方式，首先探讨逆向思维的分类和现实生活的案例，接着讨论两种思维模式对认知复杂系统的帮助。最后，通过两个案例说明如何运用这两种思维模式来完善架构设计。

10.4.1　逆向思维的分类及应用

大家都比较熟悉正向思维方式。在日常生活和工作学习中，我们通常会按照既定规程，并通过分析、归纳等方法来解决问题，这些都是典型的正向思维模式。正向思维强调逻辑性和一步一步地推导出结论，并且注重事实、数据和证据，依赖用已知的信息进行分析和推断。

逆向思维有一个与之相对应的成语——反其道而行之。在中国历史上有许多经典战争，如项羽的"破釜沉舟"、韩信的"背水一战"、孙膑的"围魏救赵"、诸葛亮的"空城计"等，都是应用逆向思维的典型案例。总而言之，逆向思维强调不拘泥于常规路线，勇于改变传统惯例，并善于从不同甚至相反的维度去看待问题，在此基础上找到更优秀、有效的解决方案。

逆向思维大致可以分为 3 种：反转型、转换型和缺点型，下面简要介绍它们各自的特点和应用案例。

1. 反转型

反转型逆向思维是一种通过颠覆原有观念，从事物的相反方面寻找解决问题的办法，它可能涉及事物的功能、结构、因果关系等多个方面。

例如，在搜索平台中，百度等搜索平台的"人找信息"是传统模式，而头条类产品采用"信息找人"的方式进行推荐，这就属于功能反转。在传统软件研发中，先写代码再写测试，而在测试驱动方式下，先写测试再写代码，也属于一种功能反转。

2. 转换型

转换型逆向思维通常是为达到相同的目的，转换成另一种思路或维度来解决问题。例如，淘宝等电商网站将购物搬到线上、苹果的 App 生态和特斯拉的车载 App 生态等都是典型案例。这些公司并没有发明全新的产品或服务，而是通过把已有产品、服务及其附加值用另一种更高效、更优秀甚至颠覆性的方式去呈现，并以此形成对原有模式的降维打击。

转换型逆向思维在软件领域中的应用也比较多。例如，如果希望提升程序的响应速度，可以使用多线程，也可以增加服务节点或利用缓存等，这些不同思路的切换就属于应用了转换型逆向思维。

3. 缺点型

缺点型逆向思维是一种寻找事物存在的不足之处，并在此基础上进行改进优化的方法。它通常指利用事物的缺点，将其转换为有益因素，从而找到解决问题的方法。

缺点型逆向思维在软件领域也有一些应用。一个比较经典的案例是安全领域中的蜜罐技术，它的思路是利用一台安全防御最薄弱的服务节点，来主动诱使黑客进行攻击，这样就可以跟踪、了解黑客所用的工具、方法、技术等，从而更好地对其他服务进行防护。

另一个典型的案例是混沌测试。混沌测试利用系统的潜在缺陷，故意使用一些异常和非预期的行为去引发系统的故障，从而更早识别出系统的潜在缺陷，对提升系统的健壮性很有帮助。

10.4.2　正向思维和逆向思维带来的启示

那么正向思维和逆向思维可以带给我们哪些启示呢？如果使用链路进行表达的话，可以将正向思维的推导过程简化成一个链路，并且这个链路可能具有以下两个典型特征。

首先，大多数情况下它将是一个单向的链路，这与人的逻辑推理方式有关。当使用正向思维的方式思考时，我们往往是按照环环相扣、顺序推理的方式进行的。例如，现实世界中的大部分经济链、因果链都可以看作一种单向链路。

其次，在这个链路上不同节点之间的关系比较简单，多数情况下呈现线性关系，这也主要与人脑很少能使用非线性方式进行推理有关。

逆向思维是相对正向思维而言的。接下来看一下不同类型的逆向思维会对正向思维的链路产生哪些影响。

首先，反转型逆向思维相当于从原有的链路上的某个节点开始朝相反的方向进行推导，由于这种方式提供了新的切入点或出发点，可能会带来一些新的思路。

其次，转换型逆向思维类似在原有链路上开辟出一条新的路径，并且尝试沿着这个新路径到达相同的终点，这种方式可以帮助我们拓展想象空间，寻找可能存在的多样性。

最后，缺点型逆向思维方式更像是发现了原有链路上不存在的非线性关系。例如，以苹果商标来讲，而残缺不全的苹果形状恰好激发了某种人的非线性想象力。

那么，逆向思维中看似多余的链路或者链路中的非线性关系，对我们认知一个复杂系统有何帮助呢？

对一个复杂的系统而言，当仅用正向思维思考时，我们往往只能发现系统中有序的一面，这是由正向思维的链路特征所决定的。但实际上对一个复杂系统来说，它之所以复杂主要源于其不同的子系统或模块之间存在着很多矛盾的地方。尽管正向思维能够帮助我们找到系统中某些逻辑上合理的方面，但这往往只是矛盾的一个方面。只有结合逆向思维才可能更大程度地发现和掌握系统的矛盾全貌，也才有可能构建对系统更完整、全面的认知，弥补正向思维上的不足。

降维和升维思维结合形成的系统认知图，补充了正向 / 逆向思维以及相应的链路之后，形成了一个更完整的系统认知图，如图 10-8 所示。

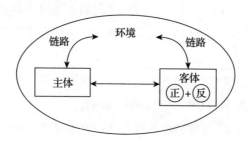

图 10-8　补充后的系统认知图

10.4.3　如何利用逆向思维完善架构设计

那么应该如何运用正向思维和逆向思维来完善架构设计呢？本节将通过两个典型示例来进行简要说明。

1. 非功能性需求的正属性和反属性

在非功能性需求设计中使用正向思维时，我们通常会从需求出发，权衡使用哪一种技术或者技术组合可以解决问题。如果采用逆向思维方式，我们还应当了解一个非功能性需求的反面或者说反属性，并利用反属性来完善非功能性需求的设计。

下面以消息发送场景为例来进行说明。通常，在没有高并发压力时，消息发送应用的架构设计如图 10-9 所示。其中，消息主应用既负责接收上游发送过来的消息，也负责调用下游消息终端进行消息发送，同时还要负责将消息状态进行记录更新，以便管理端进行统计、查看等。

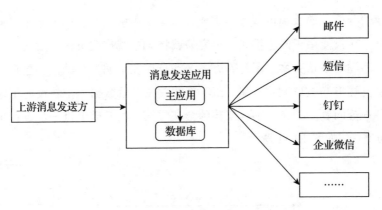

图 10-9　消息发送应用架构设计方案 1

　　如果此时要求消息发送支持高并发，在正向思维方式下，很容易就想到引入消息队列中间件（以下简称为 MQ）的解决方案，如图 10-10 所示。

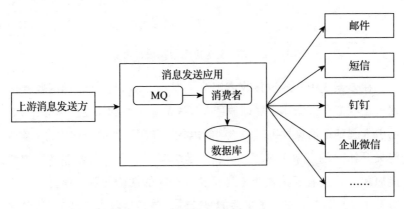

图 10-10　消息发送应用架构设计方案 2

　　我们暂且不谈方案 2 的优劣。如果采用逆向思维，我们最先应该做的是从高性能的反属性（可能是请求响应时间慢）出发，去分析方案 1 中哪些因素导致了反属性的出现。比如，是因为主应用自身还是下游消息的处理终端的性能限制原因导致的。如果进行了反属性的分析，那么很可能就不需要在方案 2 中引入 MQ 的方案了。但是，在只使用正向思维时，很容易就将 MQ 视作解决消息发送高并发问题的默认方案。不过，方案 2 本身存在很明显的缺陷，包括消息发送方与 MQ 耦合太紧、MQ 消息丢失之后数据库中将没有记录可查等问题。于是，不少架构师会在方案 2 的基础上进一步设计出方案 3，如图 10-11 所示。

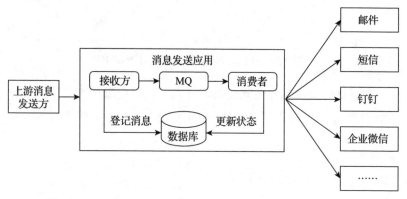

图 10-11   消息发送应用架构设计方案 3

在方案 3 中，通过接收方解决了发送方和 MQ 耦合的问题，并通过接收方在数据库中登记消息来解决消息丢失的问题。另外，MQ 的引入起到了消息发送时的"削峰填谷"作用。然而，如果将方案 3 与最开始时的方案 1 对比，可能只是缓解了下游消息处理终端的性能瓶颈，并没有解决接收方自身和数据库的性能问题。而且，相比方案 1，方案 3 又引入了更多的复杂性，包括接收方、MQ、消费方的高可用问题，以及消息响应需要同步转为异步、MQ 消息丢失等问题，实现和维护成本较方案 1 有了大幅度的提升。

通过上述消息发送的方案我们可以看出，在正向思维的单向链路设计方式下，很容易出现过度设计。通过引入逆向思维，叠加向后思考能让我们更加清楚当前所处阶段面临的真正痛点，从而选择更合适的解决方案。例如，在消息发送方案 1 中，如果通过逆向思维分析出是主应用自身原因，那么可以通过对应用进行水平克隆来解决；如果是主应用访问数据库性能原因，那么考虑对服务器节点进行扩容或者分库分表来解决；如果是下游消息处理终端的性能导致，那么可以先优先考虑采用令牌桶或漏桶算法来解决。

2. 多种方案的设计选择

如果说上面示例 1 属于反转型逆向思维的应用，那么下面要讲的案例则属于转换型逆向思维的应用。

在架构设计时，我们经常会遇到一类问题可能存在多种解决路径的情形。此时，通常会设计多套方案，进行讨论并选择，这里存在的问题是如何更好地设计多个方案呢？

我们已经了解到一个复杂的系统中通常存在着很多矛盾的地方。因此，在进行多种方案设计时，我们应该抓住这些矛盾的不同方面来进行设计。然而，在实际情况中，常常会出现多个雷同方案的情形。举一个在金融业务中很典型的案例，目前在支付、投资等领域中，不论是出于监管要求还是自身安全需要，都会有很多风控的需求。目前，最常见的解决方案是风控业务将主业务中的数据同步过来，然后进行一系列风险指标的计算。因此，在选择风控的多个架构方案设计时，多个方案往往仅是数据同步方案的差异，比如是使用数据库厂商自带的同步方案，还是使用业界专业的同步方案等，如图 10-12 所示。

上述两种方案之间仅仅关注了数据的实时可用性方面，这种相似的设计算不上好的设计。实际上，在风控的设计中，数据的一致性和实时可用性才是真正的问题或者存在矛盾点的地方。在上述方案中，由于数据分散在两个地方，不论实时性有多高，在支付或投资主业务数据有更改或撤销的情况下（图中第 1 步），都无法实现数据的强一致性，从而导致风控测算得不准（图中第 3 步）。因此，更好的方案设计应当是其中一个方案强调数据同步的实时可用性，而需要牺牲高并发时的数据强一致性；而另外一个方案则应当强调数据的强一致性，但是需要牺牲实时可用性；还有一种方案是让风控和主业务共用同一个数据库，牺牲数据分布的灵活性，但是同时获得数据的强一致性和实时可用性。总而言之，在设计不同的方案时要考虑这种矛盾点的权衡。

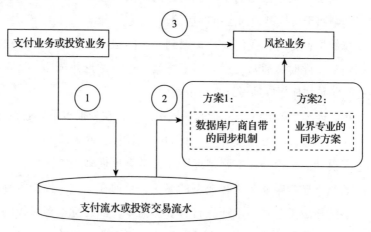

图 10-12 风控业务的两种设计方案

10.5 定量与定性

我们在日常工作生活中经常需要处理各种数据和信息，定量分析和定性分析是两种主要的方法。它们可以协助我们更好地理解复杂问题。本节将探讨这两种分析方法。

10.5.1 定性和定量分析的含义与优劣势

定性分析和定量分析是分析问题与解决问题的重要方法，它们的概念起源可以追溯到分析化学领域。在最初的含义中，定性分析指的是物质中包含什么元素，但并不需要确定其含量；而定量分析指的是确定物质中各种构成成分的准确含量。

随着时间推移，定性分析和定量分析被沿用到许多不同领域中，例如工农业统计、市场营销、政治决策、量化投资等。定性分析有一个大致的共同特点——主要出自主观感受，是从人的维度去观察并得出的结论。

比较而言，定量分析更侧重于客观性，即脱离人的主观感受或意愿后得出的答案，并且这些答案通常是可证实、可衡量并可描述的。

接下来探讨一下定性分析和定量分析的优劣势。

首先，定性分析的优势在于灵活性好、不受数据限制以及适用范围广。然而，它的劣势在于结果难以量化。

其次，它只能处理、分析极其简单的关系，例如连接、功能交互、数据交互等，无法处理相加、相乘这种关系，以及非线性的关系。

相比之下，定量分析的真正优势在于结果可重复性高，以及可以处理复杂的关系，如非线性关系。目前深度学习的强大能力其实主要体现在对非线性关系的分析。系统复杂的地方通常不在于系统本身，而是各个组成部分之间的关系，这也正是定量分析的最大优势。此外，定量分析的劣势在于需要依赖高质量的数据，适用范围窄。

10.5.2　软件研发中常用的定量指标

在软件研发中，我们可以随处看到定性分析的影子，尤其是在架构设计阶段。所以本节将重点介绍目前软件研发领域已有哪些优秀的定量分析工具和指标。

1. SonarQube 工具

SonarQube 是一款代码质量管理工具，提供了许多开发类指标，如下所示。

❑ 代码行数（Lines of Code，LoC）：高 LoC 值通常意味着系统复杂度较高，可能会导致维护困难。

❑ 注释占比（Comment Lines Density，CLD）：描述注释占总有效代码行数的比例。适量的注释可以提高代码可读性和可维护性。

❑ 认知复杂度（Cognitive Complexity）：描述特定方法或函数中的认知复杂度，即理解该方法或函数所需花费的心智负荷大小。该值越大，则说明该方法或函数实现方式过于复杂、不易理解和修改。

❑ 类引用次数（Class Fan-in/Fan-out）：描述某个类引用其他类以及被其他类引用的次数（Fan-in/Fan-out）。高 Fan-in 值表示该类经常被其他类调用，并且需要注意其稳定性与扩展性；而高 Fan-out 值则表示该类依赖多个外部组件，需要进一步优化设计以降低耦合度。

❑ 圈复杂度（Cyclomatic Complexity）：描述特定方法或函数中分支结构与循环结构的数量。高圈复杂度值通常意味着该方法或函数逻辑复杂度过大，可能会导致难以维护、可读性差等问题。

❑ 重复率（Duplicated Code）：描述源码文件中存在的重复代码行数占总有效行数的比例。高重复率值通常意味着设计上存在缺陷，需要通过进一步的抽象、封装等操作来提高代码重用性以及可维护性。

❑ 技术债务（Technical Debt）：代表在追求快速开发时所产生的技术债务，即为了满足某个需求而采取不规范或低效实现方式带来的后果。技术债的值越高，则说明项目质量越低，且需要更多时间进行重构优化。

❏ 可维护性评级（Maintainability Rating）：描述系统中的可维护性评级，等级为 A～F，其中 A 等级为最好评级。

2. JDpend 工具

❏ JDpend 是一款用于评估软件设计复杂度和代码质量的工具，它主要包含以下几个指标。

❏ Distance（D）：描述了两个代码实体（如类、方法或函数）之间的相似性或差异性，可以计算得到一个距离值。

❏ Normalized Distance（ND）：与 Distance 指标相似，但将计算得到的距离值归一化到 0～1 之间。

❏ Instability（I）：表示模块内部稳定性与对其他模块影响程度之间的平衡状态。如果该值小于等于 0.5，则说明该模块更偏向于稳定；反之则说明更偏向于不稳定。公式为 $I = C_e / (C_a + C_e)$，其中 C_e 代表出口耦合数目，C_a 代表入口耦合数目。

❏ Abstractness（A）：描述了代码中抽象类型或接口所占比例大小，即计算系统中的抽象类型和全部类型的比例。

❏ Distance from the Main Sequence（DMS）：用于衡量类的设计是否偏离了系统主干。这个指标可以在 I 和 A 两个维度上进行计算。

❏ Efferent Coupling（C_e）：表示一个模块依赖外部模块（即其他模块）的数目。

❏ Afferent Coupling（C_a）：表示一个模块被其他模块所依赖的程度，即有多少个不同外部类引用本地的成员变量或方法。

3. Structure101 工具

Structure101 是一款专门针对大型企业级系统架构设计的工具套件，它提供了多种指标和公式，以帮助架构师评估软件架构复杂度、关注点分离等方面，以下是一些常见的指标。

- ❏ Cycles：描述代码中存在的循环依赖问题，即两个或更多组件之间互相引用，会导致无法单独进行修改或测试。
- ❏ Components：代表系统中各个独立模块与其所包含类之间的关系。
- ❏ Cohesion：描述某个模块内部成员方法之间的相互独立程度。高 Cohesion 值表示该模块内部成员方法间的相关性较小，易于进行单元测试并且可维护性较好。
- ❏ Coupling：描述不同模块之间的耦合程度。高 Coupling 值意味着不同模块之间存在过于密集的交互，并且这可能会导致后期修改困难、可扩展性差等问题。
- ❏ Depth of Inheritance Tree（DIT）：代表特定对象所在继承树的结构深度，即从根节点到达当前节点所要经历的继承层数目。高 DIT 值表示代码存在复杂度增加、系统不稳定等问题。
- ❏ Structural Debt Index（SDI）：代表架构重构的必要性，即当前代码质量与最佳实践之间的差异。高 SDI 值可能意味着需要对系统进行结构调整或重新设计来提升质量和可维护性。

4. DevOps 平台工具

目前企业内广泛应用的 DevOps 平台通常也提供了丰富的量化指标。下面列举其中一些重要的指标。

- ❏ 研发交付周期：描述研发各个阶段之间的耗时，包括从需求分析到生产上线、从需求分析到开发、从开发到上线等。

❑ 红灯修复时长：描述流水线构建失败后修复所需的平均耗时。

❑ 缺陷逃逸率：描述测试阶段未发现，但在生产阶段发现的
Bug 的比率。

10.5.3　定性和定量分析带来的启示

那么定性和定量分析思维对我们有什么启示呢？在日常分析时，我们通常会将它们结合起来使用，但是先进行哪种分析还存在一些争议。

一些人认为研究事物应该先进行定性分析，先确定性质、本性、属性等，然后通过定量分析把其中的量的关系找到，否则研究只停留在表面。而另一些人则认为应该先进行数量分析，有了一定量的分析之后，才会发现所谓的"质变"，然后再进行定性分析，要不然定性分析的"性"从何而来。

实际上，无论是定性分析还是定量分析都只是手段。在开始任何形式的分析前，我们首先要清楚分析的目的是什么，以及期望实现的效果是什么？根据目的和效果，先确定分析的大致范围，然后在这个边界之内，定性和定量分析应该是交叉、互补的过程。

可以看出，定性分析和定量分析显然是一个主客体交互作用的过程，如图 10-13 所示。首先，通过定性和定量分析，主体可以获取到客体的一些分析变量，这是交互的第一阶段：主体认识客体。

图 10-13　定性和定量分析中的主客体交互过程

基于对客体的了解，主体内部会生成控制变量，以操纵客体。绝大多数情况下，主体对客体的理解始终是为了能够更好地操控客

体，这就构成了交互的第二阶段：主体控制客体。由于主体对客体的控制一定是有目的和效果的要求的，因此第一步中的分析也是有边界的。

补充了定性和定量分析思维后，就得到了一个更为完整的系统认知图，如图 10-14 所示。

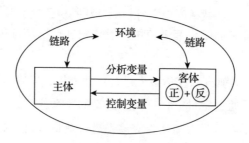

图 10-14   补充定性和定量思维后的系统认知图

10.5.4   定量分析在架构领域的潜在应用

目前，在架构设计领域中，定量分析的应用仍然非常有限。在大多数情况下，还是依赖架构师个人的经验。这种方式或许对规模较小的团队行之有效，但是大型企业内部拥有庞大的架构师团队，这样做会影响架构设计的整体一致性。因此，如何将定量分析方法融入架构设计过程成了一个重要话题，也成为评估企业内部架构师团队能力的重要因素之一。本节将简单介绍两个案例，以展示定量分析在架构领域可能产生的应用价值，希望引发读者的一些思考。

1. 神奇的数字 7

心理学家乔治·米勒在 1956 年发表的一篇论文《神奇的数字 7±2：我们信息加工能力的局限》认为：人脑所能够接受和记忆的信息单元数量大约是 7±2。由于软件也是由人来研发，因此这个数字也广泛应用于软件研发领域。例如，在确定团队规模、方法的参数数量等方面均参考了这一数字。

在架构设计领域也存在很多类似的考虑，比如应用架构分层数、一条价值流中的节点数量、一个领域中的子领域数量、一个子领域中的限界上下文数量、一个限界上下文中的聚合数量、一个聚合中的主要实体表数量等。

2. 贝叶斯概率

定量分析并不一定要得出完全确定的结论，概率同样如此。在架构设计中，目前仍然是由架构师根据个人的主观判断来进行决策。恰好，贝叶斯概率也是一个主观性概率。它表达的是在给定相关确定性信息的情况下，某个主体认为客体可能发生的概率。因此，架构设计中的主观决策过程能够与贝叶斯概率相结合。

7.5.5 小节提到架构设计一定要强调可追溯性，即要对架构设计过程进行记录。这意味着我们可以将记录下来的数据加工、处理之后存储起来，通过贝叶斯概率方法进行定量分析，从而对架构设计过程进行预测或优化。

10.6　本章小结

无论是编程还是架构设计，本质上都是在解决软件系统的复杂性问题。然而，如何更好地解决这些问题，主要取决于我们对系统认知的深度。

本章介绍的 5 对底层思维模式，本质上是在介绍一种提升系统认知的方法。

本章的内容有些抽象，但是如果想成长为一名优秀的架构师，就不能只在专业领域内深耕，需要掌握一些底层思维模式。

推荐阅读

《企业级业务架构设计：方法论与实践》

畅销书，企业级业务架构设计领域的标准性著作。

从方法论和工程实践双维度阐述企业级业务架构设计。作者是资深的业务架构师，在金融行业工作近20年，有丰富的大规模复杂金融系统业务架构设计和落地实施经验。本书在出版前邀请了微软、亚马逊、阿里、百度、网易、Dell、Thoughtworks、58、转转等10余家企业的13位在行业内久负盛名的资深架构师和技术专家对本书的内容进行了点评，一致好评推荐。

作者在书中倡导"知行合一"的业务架构思想，全书内容围绕"行线"和"知线"两条主线展开。"行线"涵盖企业级业务架构的战略分析、架构设计、架构落地、长期管理的完整过程，"知线"则重点关注架构方法论的持续改良。

《用户画像：方法论与工程化解决方案》

这是一本从技术、产品和运营3个角度讲解如何从0到1构建一个用户画像系统的著作，同时它还为如何利用用户画像系统驱动企业的营收增长给出了解决方案。作者有多年的大数据研发和数据化运营经验，曾参与和负责了多个亿级规模的用户画像系统的搭建，在用户画像系统的设计、开发和落地解决方案等方面有丰富的经验。

《标签类目体系：面向业务的数据资产设计方法论》

萃取百家头部企业数据资产构建经验，系统总结数据资产设计方法论。

标签类目体系是数据中台理念落地中的核心要素，是实现数据资产可复用、柔性组合使用，降低数据应用试错门槛的强力支撑。学习如何将数据转化、映射为标签，并通过对标签的管理、应用实现数据资产的价值运营，对于商业化企业来说显得尤为重要。

本书旨在培养资深的数据资产架构师及数据运营专家，以方法教育而非工具实施的方式助力企业建立自身的数据资产化能力，将数据能力最大限度地转化为商业价值。